Peter Weissenfeld

Holzschutz ohne Gift?

Holzschutz & Holzoberflächenbehandlung

in der Praxis

Ökobuch–Verlag

Ohne die vielfältige Unterstützung
einiger Menschen und Gruppen wäre
dieses Buch nicht zustande gekommen.
Daher möchte ich hier allen, die mit-
geholfen haben, meinen Dank aussprechen.

Anregungen, Verbesserungsvorschläge
und Kritik bitte an:

Peter Weissenfeld
c/o Ökobuch - Verlag
Gut Kressenbrunnen
3523 Grebenstein

Das Titelphoto verdanken wir

Werner Krömecke
Obervellmarsche Str. 56
3500 Kassel - Vellmar

der als Architekt dieses Haus vor 5 Jahren
für einen Materialpreis von 4o.000,- DM
selbst gebaut hat.

Überarbeitet und herausgegeben
von Claudia & Heinz Ladener

ISBN 3 - 922964 - 12 - 5

ⓒ Öko - Buchverlag, Grebenstein, August 1983

Druck: Graphische Werkstatt GmbH, Kassel
Vertrieb: Öko - Buchversand, 3523 Grebenstein

Vorwort

Holzschutz- und Holzoberflächenbehandlungsmittel haben sich in
den letzten beiden Jahrzehnten zu einer Quelle beträchtlicher
Umweltbelastung entwickelt, die auch schon unmittelbar Todes-
opfer gefordert hat. Große Mengen von Kohlenwasserstoffen, Fungiziden und Insektiziden werden jedes Jahr in solchen Mitteln
verkauft, die sich über kurz oder lang gleichmäßig in unserer
Umwelt verteilen und dadurch das Leben nicht lebenswerter machen, auch wenn bunte Herstellerprospekte dies versprechen.
Allein die Lösungsmittel in Farben und Lacken tragen mit 20%
der Kohlenwasserstoffe in der Luft zur Umweltverschmutzung bei
und stehen damit in Bezug auf die Verschmutzung mit Kohlenwasserstoffen an zweiter Stelle hinter den Autos!

Das vorliegende Buch versucht nun, zu zeigen, wie Holzschutz
und Holzoberflächenbehandlung mit weniger und zum Teil auch
ganz ohne Gift möglich sind. Wie hätten unsere Vorfahren sonst
Holzbauten errichten und erhalten können, die Jahrhunderte überdauert haben und vielfach heute noch bewundert werden?

In diesem Buch werden daher nicht nur Rezepte für die Anwendung
sogenannter "biologischer" Farben und Holzschutzmittel gegeben
(die oft auch nicht ohne Gifte auskommen), sondern zunächst einmal die notwendigen Grundlagen über Holz und Holzschädlinge,
den konstruktiven Holzschutz und viele, auch alte, handwerkliche Techniken der Holzbehandlung dargestellt. Wir hoffen, damit
Anwender, Planer und natürlich auch alle "Selbermacher" anzure-
gen, vor dem schnellen Griff zur Dose mit Gift auch umweltscho-
nendere Holzbehandlungsverfahren in Betracht zu ziehen und aus-
zuprobieren.

Leider war es bei dem Umfang des Themas nicht immer möglich,
auf alle Einzelheiten einzugehen und auch die nötige praktische
Erfahrung zu vermitteln. Wer sich intensiver mit dem Thema beschäftigen möchte, findet im Anhang Hinweise auf weiterführen-
de Literatur. Um die Übersicht zu erleichtern, wurden alle wich-
tigen Begriffe, auf die an anderer Stelle Bezug genommen wird,
mit Randzahlen (z.B. 405) versehen, auf die dann im Text ver-
wiesen wird.

Wir wünschen viel Spaß beim Lesen und hoffen, mit diesem Buch
einen kleinen Beitrag für eine lebenswertere Umwelt geleistet
zu haben.

im August 1983   Der Autor und die Herausgeber

Inhaltsverzeichnis

Hinweis:

Die im folgenden dargestellten Behandlungsverfahren und Rezepte wurden mit großer Sorgfalt und nach bestem Wissen zusammengestellt. Eine Haftung unter Berufung auf das in diesem Buch Gesagte muß jedoch abgelehnt werden.

Der Werkstoff Holz

Aufbau des Holzes

Um Holz fachgerecht verarbeiten zu können, ist ein Mindestmaß an Wissen über den Werkstoff selbst erforderlich. Ohne dieses Wissen ist in vielen Fällen ein wirksamer Schutz des Holzes unmöglich, denn fachgerechtes Verarbeiten ist die Grundlage des konstruktiven (baulichen) Holzschutzes.

101 Wie fast alle Pflanzen wird auch das Holz aus einzelnen Zellen aufgebaut. Dabei werden drei verschiedene Zellarten unterschieden:

* Festigkeitszellen - sie geben dem Holz seine Festigkeit und bestimmen seine mechanischen Eigenschaften
* Leitzellen - sie dienen der Nahrungsversorgung
* Speicherzellen - sie dienen der Stoffspeicherung

102

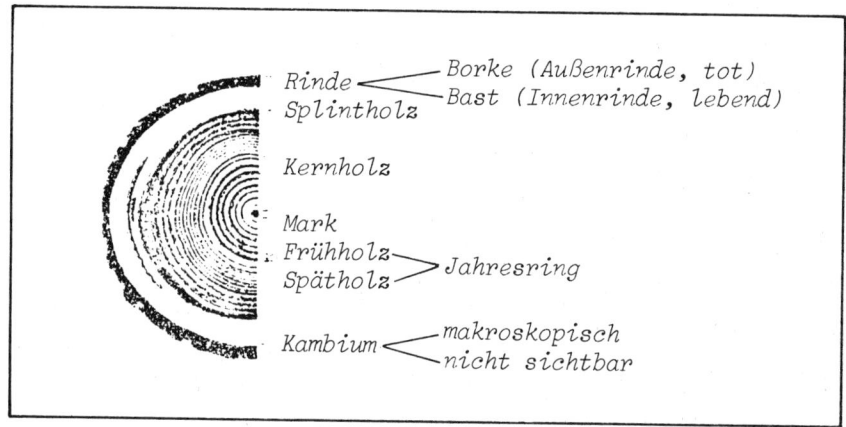

Abb.1 Querschnitt eines Baumstammes

Bei einem im Querschnitt aufgetrennten Stamm lassen sich folgende Bestandteile erkennen:

103 Rinde: sie besteht aus Borke (Außenrinde) und Bast (Innenrinde).

104 Kambium: die Wachstumsschicht. Sie ist mit dem bloßen Auge nicht sichtbar. Nach außenhin bildet sie Bastzellen und nach innen Holzzellen.

105 Jahresringe: der jährliche Zuwachs des Baumes. Die Wachstumsperiode der Bäume dauert in unseren Brei-

ten von Frühjahr bis Spätsommer/Herbst. Die im Frühjahr und Frühsommer gebildeten Zellen (Frühholz) sind durch die guten Wachstumsbedingungen weiträumig, dünnwandig und zeichnen sich hell vom dunkler erscheinenden Spätholz ab. Die im Spätsommer und Herbst gebildeten Zellen sind dickwandig, engräumig und dunkel (Spätholz). Das jährliche Wachstum eines Baumes hängt nicht nur von der Art des Baumes ab (schnell oder langsam wachsende Sorten), sondern auch von den örtlichen Wachstumsbedingungen (Klima, Standort, Bodenqualität).

106   Bei üppigem jährlichen Zuwachs sind die Jahresringe breit, man spricht von grobjährigem Holz, im Gegensatz zu feinjährigem bei langsam gewachsenen Bäumen. Feinjähriges Holz, auch ein und derselben Holzart ist in der Regel härter (bei Nadelhölzern) und widerstandsfähiger (z.B. nordische Kiefer).

107   Markstrahlen: sie dienen der Leitung und Speicherung von Nährstoffen vom Kambium in Richtung Mark.

108   Mark: sie dient zur Leitung von Nährstoffen beim jungen Baum. Bei älteren Bäumen hat sie diese Bedeutung verloren.

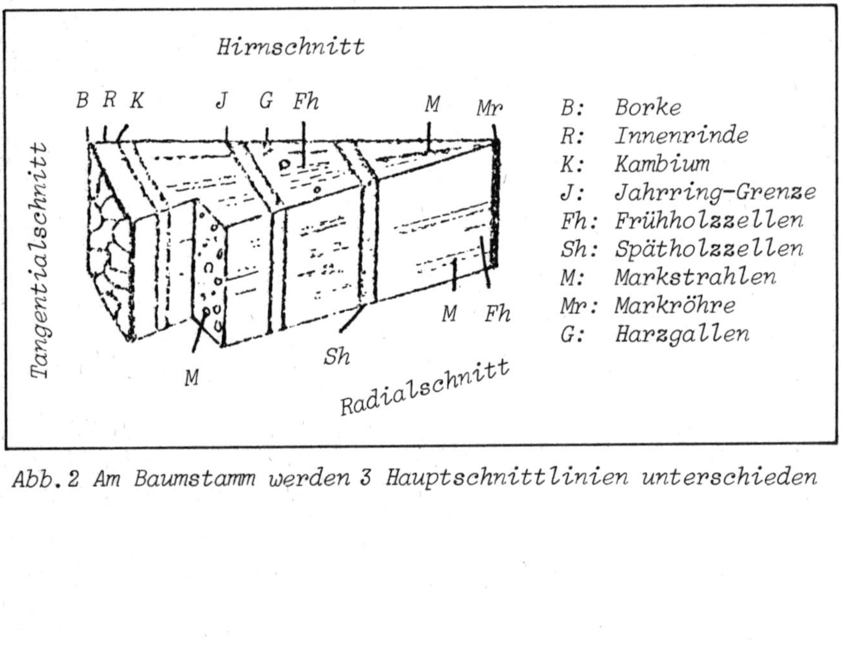

Hirnschnitt

B: Borke
R: Innenrinde
K: Kambium
J: Jahrring-Grenze
Fh: Frühholzzellen
Sh: Spätholzzellen
M: Markstrahlen
Mr: Markröhre
G: Harzgallen

Abb. 2 Am Baumstamm werden 3 Hauptschnittlinien unterschieden

Kern- und Splintholz

109 Bei zahlreichen Bäumen lassen sich im Stammquerschnitt ver-
schiedenfarbene Bereiche erkennen. Eine Schicht aus dem
helleren Splintholz umgibt das dunklere Kernholz. Sehr au-
genfällig ist das z.B. bei Kiefer und Eiche. Der äußere
Ring des Splintholzes dient der Saft- und Wasserführung des
Baumes. Er ist bei manchen Bäumen sehr schmal. Die inneren
Teile des Baumes verkernen und stellen die Saft- und Wasserführung ein. Sie füllen sich mit Holzinhaltsstoffen an, wie
z.B. Gerb- und Farbstoffe, Harz, Wachs, Fett u.a.. Das Holz
wird härter, schwerer, dauerhafter und arbeitet weniger.
Durch die Inhaltsstoffe und die Härte wird es oft gegen In-
sekten- und Pilzbefall geschützt. Einige Insekten und Pilze
befallen nur das Splintholz bestimmter Bäume.
Wenn das Holz zwar verkernt, sich aber farblich nicht vom
Splint unterscheidet, nennt man es Reifholz. Manche Bäume
verkernen gar nicht, sondern bestehen nur aus Splintholz.

110 Der chemische Aufbau des Holzes

Bei der Zusammensetzung des Holzes unterscheidet man zwischen
dem Zellsaft bzw. dem Protoplasma und der Holzsubstanz, dem
Holzgerüst.
Die wichtigsten Bestandteile der Holzsubstanz sind:

* Zellulose (etwa 40%), sie ist geruch-, geschmack- und
  farblos. Sie verändert sich an der Luft nicht und ist was-
  serbeständig.
* zelluloseähnliche Stoffe (24 - 30%)
* Lignin (22 - 30%), Zusammensetzung chemisch noch nicht ganz
  geklärt, aber der Zellulose recht ähnlich. Die Verholzung
  findet durch Einlagerung von Lignin in den Zellwänden statt.
* Außerdem enthält das Holz noch anorganische Stoffe wie z.B.
  Natrium, Kalium, Kalzium, Magnesium und anorganische Stoffe
  wie Fette, Harze, Terpentin usw.

111 Eine wichtige Eigenschaft des Holzes ist seine Hygroskopizität,
d.h. die Zellen können aus der Umgebung Feuchtigkeit aufnehmen
bzw. wieder abgeben. Dadurch ändern sich Form und Größe des
Holzes. Dieses Quellen und Schwinden, Werfen und Verziehen
wird das "Arbeiten" des Holzes genannt.

Die Holzfeuchte von Vollholz hängt von der relativen Luftfeuchtigkeit und der Umgebungstemperatur ab. Wenn Holz längere Zeit denselben Bedingungen ausgesetzt wird, stellt sich
eine Gleichgewichtsfeuchte ein. Kurzfristige Änderungen der
relativen Feuchte der umgebenden Luft haben keinen merkli-
chen Einfluß auf die Holzfeuchte, wohl aber längerdauernde.

Die Holzfeuchte ist immer auf die Masse des gedarrten (künstlich totalgetrockneten) Holzes bezogen.

$$\text{Holzfeuchte in \%} = \frac{(\text{Naßgewicht in g} - \text{Darrgewicht in g}) \times 100\%}{\text{Darrgewicht in g}}$$

$$= \frac{(180 \text{ g} - 150 \text{ g}) \times 100\%}{150 \text{ g}} = 20\%$$

In frisch geschlagenem Holz befindet sich Wasser
- als "freies" Wasser in den Zellhohlräumen
- als in den Zellen gebundenes Wasser

Bei dem Trocknungsprozeß entweicht zuerst das "freie" Wasser
aus dem Holz. Wenn alles freie Wasser heraus ist, hat das
Holz seinen Fasersättigungspunkt erreicht. Er liegt bei den
meisten Hölzern im Bereich von 30% Holzfeuchte.

Unterhalb dieses Fasersättigungsbereiches beginnt das Holz
durch das Heraustrocknen des in den Zellen gebundenen Wassers zu schwinden. Dieser Vorgang ist bei etwa 6% Holzfeuchte
beendet. Das dann verbliebene Wasser ist chemisch an die
Zellulosemoleküle gebunden und weiteres Trocknen hat keinen
Einfluß mehr auf Größe und Form des Holzes.

HOLZ ARBEITET ALSO IM BEREICH ZWISCHEN ETWA 30 UND 6 %
HOLZFEUCHTE!

Da sich die Holzfeuchte nach dem Klima der Umgebung richtet,
sind bei verschiedenen Anwendungsbereichen unterschiedliche
Gleichgewichtsfeuchten zu erwarten:

Anwendung:	Holzfeuchte in %
Bauholz	12 - 18 %
Fenster, Außentüren	12 - 15 %
Möbel, Innentüren, Parkett in Räumen mit Ofenheizung	10 - 12 %
Möbel, Innentüren, Parkett in Räumen mit Zentralheizung	6 - 10 %
überdachte, offene Bauwerke (keine direkte Bewitterung)	12 - 18 %

112

Bei der Gleichgewichtsfeuchte gibt es erhebliche Unterschiede
zwischen Sommer und Winter. Während bei Innenbauteilen die
maximale Holzfeuchte im Sommer auftritt, ist es bei Außenbau-
teilen umgekehrt.

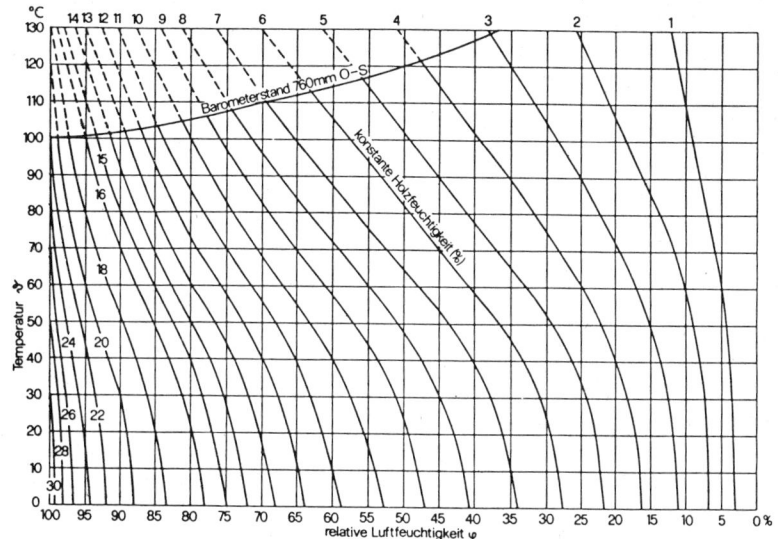

Gleichgewichtsfeuchte für Fichtenholz in Abhängigkeit von Temperatur und Luftfeuchtigkeit; Quelle: Holzbauatlas

Um Schwankungen der Feuchte im Holz so gering wie möglich zu halten, schreibt DIN 68800 vor, daß Holz mit der Feuchte einzubauen ist, die bei der späteren Nutzung als Mittelwert zu erwarten ist. Die einzige Ausnahme von dieser Bestimmung ist Bauholz (z.B. Dachbalken), da dort die Formänderung des Holzes nach dem Einbau der Funktion nicht abträglich ist (ein aus zu feuchtem Holz hergestelltes Fenster jedoch, würde sich beim Trocknen so verziehen, daß es nicht mehr zu gebrauchen wäre).

Bauholz darf nach DIN 4074 dort in halbtrockenem Zustand eingebaut werden , wo es "bald auf den trockenen Zustand für dauernd zurückgehen kann". Frisch geschlagenes Holz darf überhaupt nicht im Hochbau eingesetzt werden.

113 Begriffe für Bauholz
* trocken (20% Holzfeuchte und weniger)
* halbtrocken (30% Holzfeuchte und weniger) sowie
* frisch (mehr als 30% Holzfeuchte)
Ausnahme bei Querschnitten über 200 cm^3: 35% Holzfeuchte und weniger gilt noch als halbtrocken.

Bestimmung der Holzfeuchte

114 In der Praxis wird die Holzfeuchte zumeist mit einem elektrischen Holzfeuchtemesser bestimmt (das billigste Gerät, das
aber nicht sehr tief mißt, kostet ca 120,- DM). Wer ein sol-
ches Gerät nur gelegentlich oder einmalig benötigt, sollte
versuchen, sich dieses auszuleihen (Holzhandlungen oder größere Schreiner- oder Zimmereien besitzen oft ein Holzfeuchtemesser, vielleicht kann auch die Innung Holz und Kunststoff
weiterhelfen).
Eine weitere Möglichkeit, die allerdings zeit- und energie-
aufwendig ist, besteht darin, das Holz zu darren. Man nehme
ein nicht zu kleines Probestück (100 bis 300 g) und bestimme
sein Gewicht mittels einer genauen Briefwaage. Dann lege man
es für 10 -20 Stunden in den Backofen (bei etwa 150°C), solange, bis es kein Gewicht mehr verliert. Nach der oben-
stehenden Formel läßt sich dann leicht die Holzfeuchte
bestimmen.
Beim Holzkauf kann man sehr feuchtes Holz oft dadurch heraus-
finden, indem man die Oberfläche berührt und dies mit einem
trockenen Stück Holz vergleicht. Sehr feuchtes Holz fühlt
sich kalt und oft richtig naß an. Wenn zwei gleichgroße Holz-
stücke ein und derselben Holzart sehr stark im Gewicht diffe-
rieren, deutet das darauf hin, daß das schwerere Stück erheblich feuchter ist (20% mehr Holzfeuchte bedeutet 20% mehr Gewicht). Diese beiden subjektiven Methoden sind natürlich sehr
ungenau und können nur eine grobe Hilfe beim Holzkauf geben.

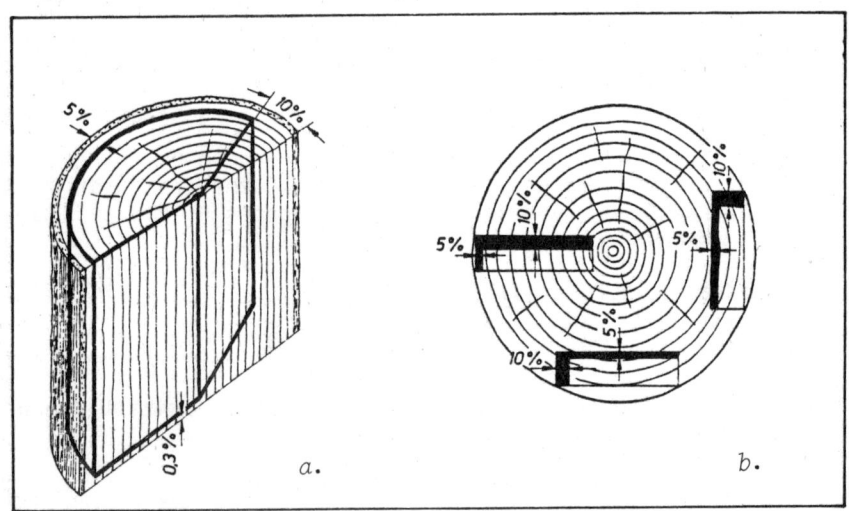

a.

b.

Abb.3   a. Durchschnittliche Schwundverhältnisse im Holz
*   b. Größenänderung des Brettquerschnittes durch Schwund*

Das Arbeiten des Holzes

115 Holz schwindet (oder quillt) nicht in jede Richtung gleich. Am stärksten schwindet es in Richtung der Jahresringe (tangential), etwa nur halb so stark in Richtung der Markstrahlen (radial) und nur sehr wenig in Faserrichtung (longitudinal). Dadurch ergeben sich je nach Einschnitt charakteristische Formveränderungen (Abb. 6).

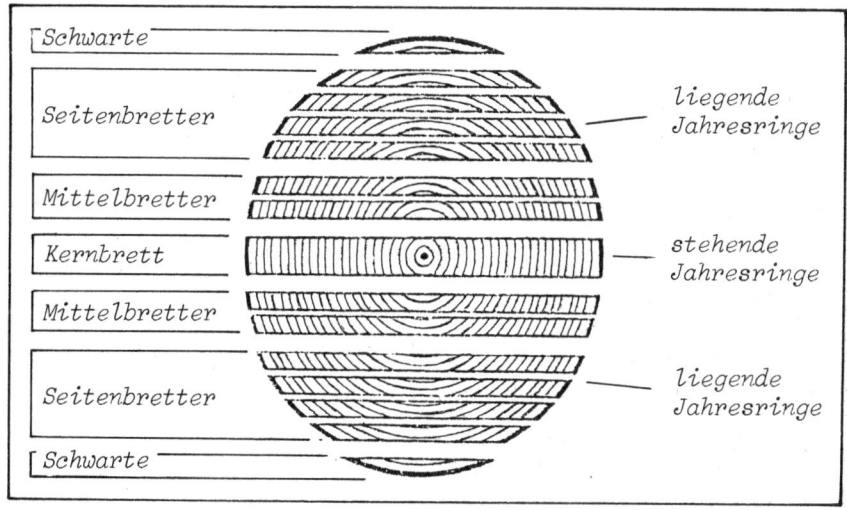

Abb. 4 Bezeichnung der verschiedenen , bei Gattereinschnitten anfallenden Bretter

116 Während Kernbretter mit ihren "stehenden" Jahresringen sich
117 nicht werfen und nur wenig verziehen, werden Seitenbretter mit "liegenden" Jahresringen immer rund (werfen sich). Da-
118 bei unterscheidet man die rechte und die linke Seite. Das Brett krümmt sich so vom Kern weg, daß stets die rechte Seite rund und die linke hohl wird. Dies zu wissen, ist z.B. bei Außenverbretterungen sehr wichtig um Fugen zu vermeiden. Da Holz in Richtung der Jahresringe sehr stark schwindet,
119 ist z.B. das Reißen einer Baumscheibe nicht zu verhindern. Dasselbe gilt für Balken aus Vollholz. Will man das Reißen verhindern, was zur Vorbeugung gegen Insektenbefall Bedeutung hat, so empfiehlt es sich an Stelle von Ganzhölzern
120 Viertelhölzer zu nehmen, bei denen die Rißbildung minimal ist.

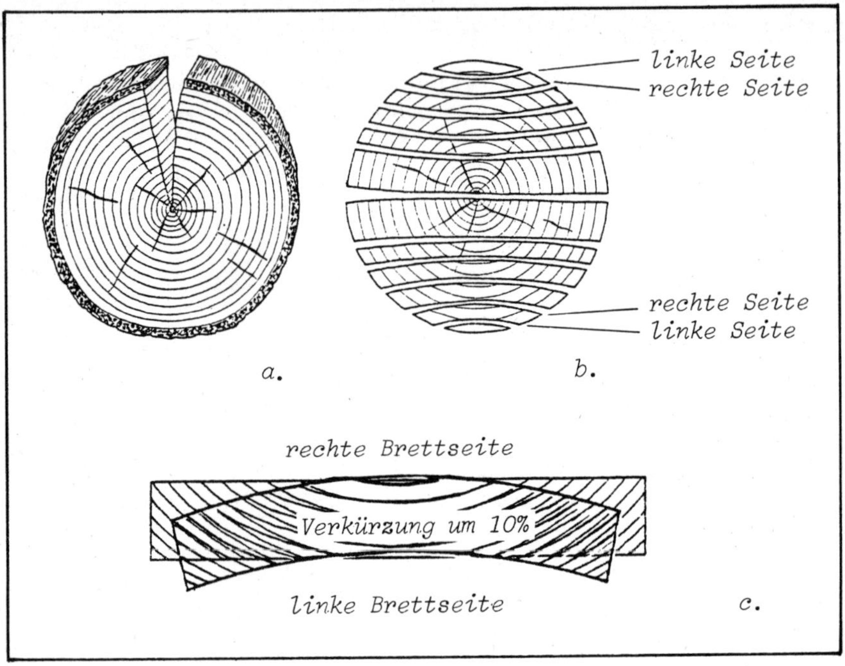

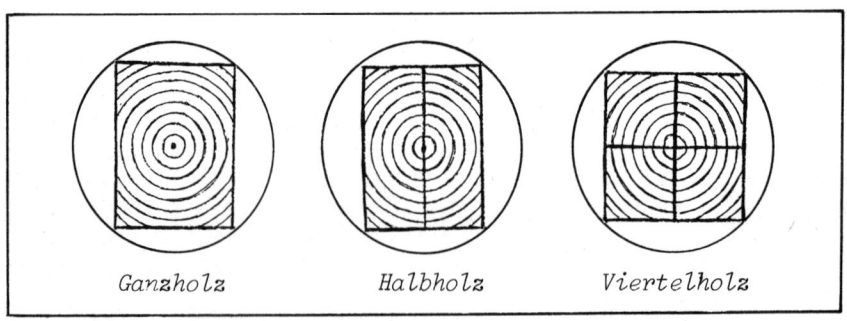

linke Seite
rechte Seite

rechte Seite
linke Seite

a.

b.

rechte Brettseite

Verkürzung um 10%

linke Brettseite

c.

Abb. 5 Auswirkungen des Schwindens bei Holz:
    a. Baumscheibe nach dem Trocknen
    b. Werfen der Bretter nach dem Gatterschnitt
    c. Rechte und linke Seite beim Seitenbrett

Eine weitere Ursache für (diesmal vermeidbare) Rißbildung ist
eine zu schnelle Änderung der Holzfeuchte. Durch unterschiedliche Feuchte im Holz wird die Querzugfestigkeit überschritten
und das Holz reißt.

Ganzholz   Halbholz   Viertelholz

Abb. 6 Einschnittmöglichkeiten für Balken und Kanthölzer

Normalerweise trocknet Holz sehr langsam. Eine alte Tisch-
lerregel sagt, daß Holz für den Möbelbau (Holzfeuchte 8-10%)
pro cm Dicke ein Jahr getrocknet werden muß. Heute wird das
Holz in der Regel in Trockenkammern künstlich getrocknet,
oder auch vielfach gerade im Handwerk zu feucht verarbeitet.
Während früher jede Schreinerei ein großes Holzlager mit ab-
gelagerten Hölzern besaß, wird heute gewöhnlich aus Kosten-
gründen darauf verzichtet. Das Holz wird dann oft frisch vom
Händler kommend verarbeitet.

Die wichtigsten Holzarten

Die Härte des Holzes ist abhängig von der Dicke und der Festigkeit der Zellwände sowie von der Dichte des Zellgefüges
und des Zellinhaltes. Die verschiedenen Holzarten werden in
Hart- und Weichhölzer unterteilt. Je nach Standort gibt es
auch bei Bäumen derselben Art Unterschiede (siehe 106)
* langsam gewachsenes Holz ist in der Regel härter als
  schnell gewachsenes,
* Kern- und Reifholz (siehe 109) ist härter als Splint.

121 Einheimische Weichhölzer: Fichte, Tanne, Kiefer, Lärche,
                                Weide und Linde,
    Einheimische Harthölzer : Eiche Rotbuche, Ulme, Ahorn,
                                Nußbaum.

Güteklassen für Holz

124 Je nach Verwendungszweck gibt es eine Unmenge von Einteilungen in verschiedene Güteklassen. Sie sind in den Normen
DIN 4071, 4073, 4074 und 68365 festgelegt. Hier nur die für
den Verbraucher wesentlichen Kennzeichen:

Als Rohholz wird Holz bezeichnet, bevor es in Bretter,
Bohlen oder Kantholz aufgesägt wird. Es ist in folgende
Güteklassen eingeteilt:

A/EWG   Gesundes, fehlerfreies Holz, oder Holz mit unbedeu-
        tenden Fehlern.
B/EWG   Holz normaler Güte mit einem oder mehreren Fehlern,
        die aber durch die allgemeine Güte wieder ausgegli-
        chen werden.
C/EWG   Noch gewerblich verwertbares Holz, das wegen seiner
        Fehler nicht mehr in die Güteklasse B/EWG aufgenom-
        men werden kann.
D   Noch mindestens zu 40% gewerblich verwertbares Holz,
        aber schlechter noch als C/EWG.

Übersicht über gebräuchliche Hölzer und Holzartengruppen

1. Einheimische Hölzer

	Name	Eigenschaften	Verwendung	Preis /m³**
Nadelhölzer	Fichte/Tanne	Im Holzhandel wird gewöhnlich nicht zwischen Fichten- und Tannenholz unterschieden. Fichten/Tannen zählen zu den Weichhölzern. Sie sind leicht zu verarbeiten, jedoch wenig widerstandsfähig gegen Witterungseinflüsse, Pilze und Insekten. Fichtenholz kann Harzgallen enthalten.	Bauholz, Dachstühle usw., Verkleidungen, Fußböden, Tischlerplattenmittellagen, Brettschichtholz,	500-800
	Kiefer	Weichholz, etwas härter als Fichte/Tanne. Der Splint (109) ist bläueanfällig (203). Recht dauerhaftes Holz, besonders der Kern (109). Gut zu verarbeiten. Da harzreich, muß vor dem Beizen oder vor einer anderen Oberflächenbehandlung das Holz entharzt werden.	Bauholz, Fußböden, Möbel, Vertäfelungen, Fenster, Innen- und Außentüren	600-1000
	Lärche	Weichholz, härter als Kiefer. Oft sehr harzreich (schlecht zu beizen). Recht dauerhaft. Schlechter zu verarbeiten als Kiefer, da es schwierig zu hobeln ist und leicht splittert.	Bauholz, Fußböden, Möbel, Fenster, Innen- und Außentüren	600-1000
Laubhölzer	Eiche	Schweres Hartholz, Wetter-, Pilz- und Insektenbeständigkeit gut. Nur den Kern (109) verwenden. Amerikanische Roteichen wachsen schnell, sind nicht so beständig gegen Umwelteinflüsse und für den Außenbereich wenig geeignet.	Möbelholz, Furnierholz, Parkettböden, früher häufig als Konstruktionsholz eingesetzt (Fachwerk) und zur Herstellung von Türen und Fenster	1800-3500
	Rotbuche	Hartholz, arbeitet stark (115), für den Außenbereich wenig geeignet	Möbel, Parkett, Treppenstufen	600-1100
	Sonstige europäische Laubhölzer		Entweder nur als Möbelholz (Obstbaumhölzer) oder für Spezialanwendungen (keine Tischlerhölzer)	

2. Außereuropäische Laub- und Nadelhölzer

Name	Eigenschaften	Verwendung	Preis/m² **
Douglasie	Weichholz, gut zu verarbeiten, arbeitet wenig (115)	Bauholz, Innenausbau, Fußböden, Möbel	1300,–
Longleaf Pine (Pitch-Pine) (Red-Pine)	Weichholz, witterungsfest, bläueanfällig (203) Pitch-Pine = Kernholz Red-Pine = Splintholz	Vertäfelungen, Treppen, Fußböden, Türen und Fenster	1700,–
Thuja (Western-) Red Cedar	leicht, witterungsfest, sehr beständig gegen Pilze und Schädlinge, leicht zu verarbeiten, greift Eisen an	Bauholz, Fassadenverkleidung, Jalousien, Schindeln	1700,–
Tropische Laubhölzer mit hoher Resistenz	sehr witterungsbeständige Hölzer, die gewöhnlich wenig arbeiten. Durch ihre Holzinhaltsstoffe ist eine Oberflächenbehandlung oft schwierig. Diese Holzinhaltsstoffe und auch der Schleifstaub sind manchmal giftig oder lösen Allergien aus.	Fenster und Außentüren	z.B. Red Dark Meranti 1300,–
Tropische, dekorative Laubhölzer	Durch interessante Maserungen oder Farben dekorativ. Ihre Holzinhaltsstoffe erschweren manchmal eine Oberflächenbehandlung und sind u.U. giftig.	Möbel, Furniere, Innenausbau, oft große Modetrends zu einer Holzart ("Palisanderwelle").	z.B. Teak 5000,–

Aus ökologischen Gründen (Transportkosten, Raubbauprobleme) sollte auf den Einsatz außereuropäischer Hölzer wenn möglich verzichtet werden.

** Die Preise sind nur als Anhaltswerte zu verstehen. Sie hängen von der Holzqualität und der Einschnittform ab und beziehen sich auf sägerauhes, nicht gehobeltes Holz.

Güteklassen für Schnittware

Schnittware wird in Güteklassen eingeteilt, die unterschiedlich aufgeschlüsselt sein können. So werden z.B. rauhe Bretter und Bohlen für Zimmermannsarbeiten in die Klassen 0 bis IV eingeteilt, gehobeltes Bauholz aber nur noch in die Klassen I bis III. Gemeinsam ist den Einteilungen, daß der niedrigere Zahlenwert immer die bessere Güte bezeichnet.

Nut- und Federbretter aus Nadelholz für Vertäfelungen oder Fußböden werden in der Regel als A- und B-Sortierung angeboten. Die A-Sortierung bedeutet astreines Holz ohne sonstige Holzfehler, bei der B-Sortierung sind Äste und geringe Holzfehler zulässig.

Holzmaße

125 Dachlatten werden in den Maßen 24/48, 30/50 und 40/60 geliefert.
Bretter werden in den unterschiedlichsten Dicken, Längen und Breiten angeboten. Üblich sind Längen zwischen 300 und 500 cm mit einer Längenstaffelung von 50 cm und Breiten im Bereich von 8 cm bis 26 cm mit einer Staffelung um jeweils 2 cm. Bei ungehobelten Brettern ist zölliges Holz mit 24 mm Dicke üblich, bei gehobelten Brettern 19,5 mm.

Für Kanthölzer und Balken sind folgende Maße gebräuchlich: 6/6, 6/8, 8/8, 8/10, 10/10, 6/12, 8/12, 10/12, 12/12, 14/14, 8/16, 12/16, 14/16, 16/16, 16/18, 10/20, 12/20, 16/20, 20/20, 10/22, 18/22, 12/24 und 20/24.

Vor jedem Holzkauf ist es sinnvoll, die Preise mehrerer Händler zu vergleichen. Es gibt nicht unbedingt teure und billige Händler. Der eine ist mit gehobelter Ware billiger, der andere mit sägerauher. Wenn genug Flexibilität in den zu verwendenden Maßen besteht, ist es sinnvoll, sich nach "Sonderangeboten" zu erkundigen. Normalerweise gehen die Händler zwar von festen Kubikmeterpreisen aus, aber bei Rest- oder sehr großen Lagerbeständen wird es auch schon einmal billiger.
Für einfache Außenverbretterungen oder Verschalungen kann man auch das sehr preiswerte Schwartenholz (116) nehmen.

Holzpflege vom Einschlag bis zur Verarbeitung

Richtige Holzpflege und damit der Holzschutz beginnt mit dem Einschlag. Leider kann der Verbraucher dies gewöhnlich nicht selbst in die Hand nehmen oder kontrollieren. Viel Holz, das
126 als "Wintereinschlag" verkauft wird, ist sicherlich keines.

Wie wichtig es ist, das Holz zur richtigen Zeit zu fällen, verdeutlicht diese alte Zimmermannsregel:

Wer sein Holz um Christmett fällt,
dem sein Haus wohl zehnfach hält.
Um Fabian und Sebastian (20. Januar)
fängt schon der Saft zu sprießen an.

Aus diesem Spruch wird auch ersichtlich, was das Holz weniger haltbar macht. Die Nährstoffe des saftreichen Holzes bieten auch den Pilzen (siehe 201) und Insekten (207) Nahrung. Am trockensten ist Holz, wenn es bei Temperaturen unter 0°C gefällt wird. Die meiste Feuchtigkeit soll es an den Tagen vor Vollmond haben. Wenn ein Baum gefällt ist, soll das Holz entweder schnell getrocknet werden, oder aber naßgehalten. In Skandinavien ist es üblich, das Holz entweder über einen längeren Zeitraum im Wasser zu lagern, oder durch Berieselungsanlagen zu besprühen. Dadurch wird nicht nur ein Befall von Schädlingen verhindert, sondern auch Holzinhaltsstoffe ausgewaschen, so daß das Holz auch nach dem Trocknen den Schädlingen nur wenig Nahrung bietet.
Nach dem Einschlag im Wald kann das Trocknen beschleunigt werden, indem man den Baum noch eine Zeit lang mit der Krone und/oder den Ästen liegen läßt. Dem Stamm werden dann in kürzester Zeit große Mengen an Feuchtigkeit entzogen.
Sobald es warm wird, muß der Baum entrindet werden.Die meisten Frischholzschädlinge gehen nämlich unter die Rinde,um ihren Fraß zu beginnen. Besonders bei der stark bläuegefähr-

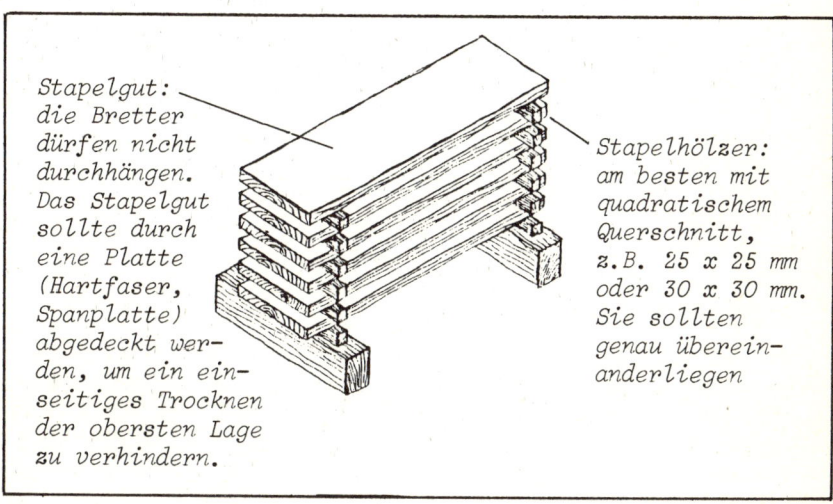

Stapelgut: die Bretter dürfen nicht durchhängen. Das Stapelgut sollte durch eine Platte (Hartfaser, Spanplatte) abgedeckt werden, um ein einseitiges Trocknen der obersten Lage zu verhindern.

Stapelhölzer: am besten mit quadratischem Querschnitt, z.B. 25 x 25 mm oder 30 x 30 mm. Sie sollten genau übereinanderliegen

Abb. 7 Stapeln von Schnittholz

deten Kiefer (203) ist es wichtig, daß sie bald eingeschnitten wird. Im Sommer müssen die Bäume trocken lagern und vom Erdboden entfernt sein (mindestens 40 cm hoch). Aufgetrennte Bretter sollten überdacht liegen, wobei der Lagerplatz sauber und trocken sein muß. Da das Holz ständig von Luft umgeben sein sollte, wird es deshalb auf Stapelhölzern so gelagert, daß die Bretter nicht durchhängen (alle Stapelhölzer genau übereinander legen). Kiefersplint (109) sollte nicht zum Stapeln verwendet werden, da dadurch Bläuepilze (203) an das Holz gelangen können. Besonders günstig ist es, die Bretter quer zur Windrichtung zu legen, so werden sie besser mit Luft umspült. Hirnenden müssen im Freien besonders geschützt werden, damit sie nicht zu schnell trocknen und das Holz reißt. Man kann kleine Brettchen daraufnageln oder sie mit Teer o.ä. einstreichen.

Brettschichtholz und Holzwerkstoffe

Brettschichtholz

Brettschichtholz besteht aus mindestens drei aufeinander geleimten, gehobelten Brettern (in der Regel Fichtenholz). Gegenüber einem massiven Balken gleicher Dimension hat es verschiedene Vorteile:
* da es wenig Äste und Trockenrisse hat, ist es wesentlich belastbarer als ein einzelner Balken.
* durch eine Keilzinkenverbindung der einzelnen Bretter können Träger mit großer Länge und großem Querschnitt hergestellt werden.
Im Verhalten gegenüber Feuchtigkeit usw. und bei der Oberflächenbehandlung unterscheidet es sich nicht wesentlich von Massivholz.

Holzwerkstoffe

Als Holzwerkstoffe werden plattenförmige Werkstoffe aus Holz bezeichnet, die aus mechanisch zerkleinertem Holz bestehen (Späne, Fasern, Furniere, Stäbe), das mit Hilfe von Bindemitteln wieder zusammengefügt wurde. Ziel ist es, große, leicht zu verarbeitende Einheiten herzustellen, die auf Feuchtigkeitsschwankungen nur mit geringen Größenänderungen reagieren.

Sperrholz

129 Sperrholz besteht aus mindestens 3 aufeinanderliegenden Lagen, deren Faserrichtung rechtwinklig zueinander versetzt ist.

130 Die Tischlerplatte hat eine Mittellage aus Holzleisten, die auf beiden Seiten mit Deckfurnieren rechtwinklig abgesperrt ist. Dabei unterscheidet man zwischen Stabplatten, bei denen die Mittellage aus 24 - 30 mm starken Stäben besteht und Stäbchenplatten, bei denen die Mittellage aus Stäben mit einer Breite von 5 - 8 mm besteht. Es gibt verschiedene Arten von Absperrfurnieren, die wiederum in verschiedene Qualitätsklassen eingeteilt sind.

131 Bei Furnierplatten sind mehrere Furniere parallel zur Plattenebene kreuzweise aufeinandergeleimt. Bei gerader Anzahl der Furniere sind die beiden in der Mitte faserparallel angeordnet. Der Aufbau von der Mitte aus ist immer symmetrisch.

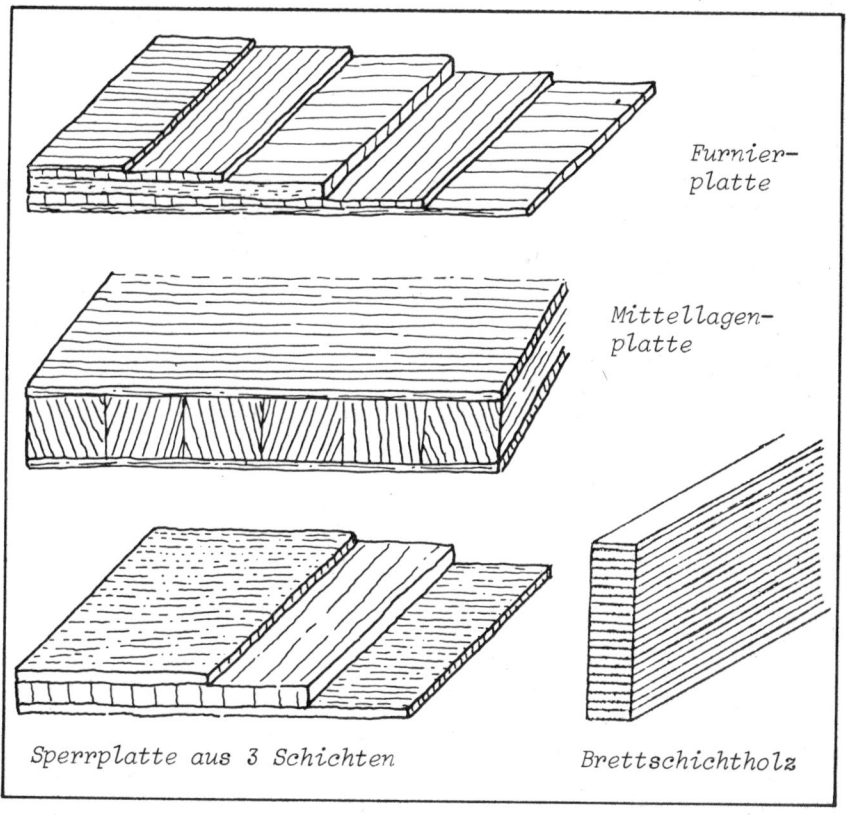

Furnierplatte

Mittellagenplatte

Sperrplatte aus 3 Schichten

Brettschichtholz

Abb.8 Holzwerkstoffe und Brettschichtholz

Wie bei den Tischlerplatten gibt es auch verschiedene Güteklassen, abhängend von der Art der Deckfurniere und deren
Qualität.

Spanplatten

132 Spanplatten werden aus Holzspänen und Bindemitteln/Leimen
zusammengepreßt. Es gibt
* kunstharzverleimte mit 8 - 10% Leimanteil und
* mineralisch gebundene (Magnesit oder Zement) Spanplatten.
Die kunstharzverleimten Platten geben über einen längeren
Zeitraum noch z.T. erhebliche Mengen von Formaldehyd ab.
Formaldehyd steht nicht nur im Verdacht, karzinogen zu sein,
sondern es verursacht auch akute Beschwerden wie z.B. eine
starke Reizung der Schleimhäute (tränende Augen, Kratzen im
Hals). Bei etwas höheren Konzentrationen können Kopfschmerzen und Übelkeit auftreten. Nachdem dieses Problem inzwischen allgemein erkannt worden ist, wurden die Spanplatten
in drei Emissionsklassen eingeteilt, je nach Verwendungszweck.
Es gibt die Klasse E 1 die uneingeschränkt eingesetzt werden
darf, sowie die Klassen E 2 und E 3, die nur unter bestimmten
Bedingungen verwendet werden dürfen. Höhere Emissionswerte
als E 3 sind grundsätzlich verboten (Genaue Informationsblätter sind von Holzhandlungen oder beim Bundesverband
Deutscher Holzhändler e.V. in Wiesbaden erhältlich).
Die Einteilung in Emissionsklassen ist natürlich nur zum Teil
eine Lösung des Problems, da weiterhin Formaldehyd abgegeben
wird. Platten der Klassen E 2 und E 3 dürfen z.B. auch großflächig eingesetzt werden, wenn die Formaldehydabgabe durch
spezielle Beschichtungen gesenkt wird. Dadurch wird die Abgabe jedoch nicht verringert, sondern nur über einen längeren
Zeitraum verteilt.

133 Mineralisch gebundene Spanplatten gibt es mit den Bindemitteln Magnesit und Zement. Bisher sind sie nur als Bauspan-
platten erhältlich.
Zur Zeit wird die magnesitgebundene Spanplatte mit dem baubiologischen Prüfsiegel nicht mehr produziert.
Lieferbar sind aber zementgebundene Platten, z.B. die Iso-
panelplatte. Sie hat vielfältige Vorteile gegenüber den
kunstharzverleimten:
- keinerlei giftige Emissionen,
- pilzbeständig (entspricht V 100 G, hat aber keine fungiziden Zusätze),
- verrottungsfest, feuchteunempfindlicher als alle kunstharzverleimten,

- schwerentflammbar (Baustoffklasse B1), evtl. auch als un-
  brennbar (A2) erhältlich,
- sehr schwer und damit guter Schallschutz im Innenausbau.
Nachteilig ist nur der etwas höhere Preis.

Für den Möbelbau bieten sich Tischlerplatten an. Der höhere
Preis fällt hier gewöhnlich nicht ins Gewicht, da zumeist
nur recht geringe Mengen gebraucht werden, oder, bei der Mö-
belherstellung durch den Tischler, der Preisunterschied
zwischen Span- und Tischlerplatten im Verhältnis zu den Lohn-
kosten unerheblich ist.

Preise von Holz- und Plattenmaterial

Die Preise schwanken stark von Händler zu Händler und sind
sehr abhängig von der Menge. Bei größeren Baumaßnahmen kann
man z.B. recht erhebliche Rabatte bekommen. Zugeschnittene
Platten sind um einiges teurer.
Die folgenden Preise (Stand August 1983) sind nur ein grober
Mittelwert zur Orientierung und beziehen sich auf Plattenma-
terial mit einer Stärke von 19 mm oder 20 mm:

Tischlerplatte, Limbadeckfurnier	30,-DM/m^2
Tischlerplatte, Gabundeckfurnier	25,-DM/m^2
Bauspanplatte, kunstharzverleimt V 20	11,-DM/m^2
Bauspanplatte, kunstharzverleimt V 100	14,-DM/m^2
Bauspanplatte, kunstharzverleimt V 100 G	17,-DM/m^2
Zementgebundene Platte, entspricht V 100 G	25,-DM/m^2
Fichte/Tanne Langriemen (Nut-u.Federbodenbretter)	18,-DM/m^2

Verleimklassen

Die Holzwerkstoffe sind in verschiedene Verleimklassen eingeteilt, je nach Verwendungszweck. Und zwar in die Klassen
V20, V100 und V100 G. V100 - Platten sind mit feuchtigkeits-
unempfindlicheren Leimen (die in der Regel auch giftiger
sind) verleimt als V20 - Platten. V100 G - Platten haben darüberhinaus noch Zusätze von hochgiftigen, pilzwidrigen Mitteln.
Wichtig! Alle Spanplatten sind empfindlich gegen Feuchtigkeit
und dürfen nicht ungeschützt der Witterung ausgesetzt werden.
Sie quellen bei zu hoher Feuchtigkeit extrem auf und verlier-
en ihre Stabilität. Dieses Quellen geht auch bei Austrocknung
nicht mehr zurück. Im Gegensatz zu Massivholz kann man eine
einmalig durchnäßte Spanplatte wegwerfen.

Anwendungsbereiche der Holzwerkstoffklassen

Nach DIN 68800 gilt folgendes:

Holzwerkstoffklasse

20	Wohn- und Schlafräume sowie Räume mit ähnlichem Klima,
100	Außenbeplankung von Außenwänden hinter einem ausreichend belüfteten Hohlraum
100 G	Naßräume, Küche, Bad, Dusche, WC und Räume in baufeuchten Neubauten, Nicht ausreichend belüftete Außenbeplankung und Flachdächer.

Anzumerken wäre, daß die Forderung von 100 G in der Küche überhöht erscheint und daß es wenig sinnvoll ist, in sehr feuchte Neubauten schon Platten einzubauen.

Brandverhalten

134 Baustoffe sind nach DIN 4102 in Bezug auf ihr Brandverhalten in fünf Klassen eingeteilt:

A1/A2	nicht brennbar
B1	schwer entflammbar
B2	normal entflammbar
B3	leicht entflammbar

Die Klasse B3 darf am Bau nicht verwendet werden.
Holz und Holzwerkstoffe fallen normalerweise in die Klasse B2. Die mineralisch gebundenen Spanplatten und verschiedene kunstharzverleimte, die allerdings chemisch präpariert sind, gehören der Klasse B1 (schwer entflammbar) an, was für manche Konstruktionen erforderlich ist.

Wer sich mit den Fragen der Holzauswahl und Holzkonstruktionen näher beschäftigen will, soll eines der vielen Fachbücher für Schreiner- und Zimmerleute zur Hand nehmen, z.B. Fachkunde für Schreiner, Verlag Europa-Lehrmittel.

Pflanzliche Holzschädlinge

201 Holz wird von Holzkrankheiten oder holzzerstörenden Insekten
angegriffen. Die Erreger der Holzkrankheiten sind immer Pilze. Die Gefahr, die dem Holz durch Pilze droht, wird vielfach übertrieben. Bei sachgemäßer Konstruktion und richtiger
Behandlung kann ein Befall von Pilzen bei dem der Witterung ausgesetztem Holz mit Sicherheit verhindert werden.
Auch bei Holz im Außenbereich, das der Witterung ausgesetzt
wird, läßt sich ein Befall - richtige Konstruktion und Oberflächenbehandlung auch hier wieder vorausgesetzt - auch ohne
den Einsatz chemischer Gifte in der Regel verhindern.
Daher gehören zum Holzschutz ohne Gift an erster Stelle
* die richtige Auswahl der Holzart für den Anwendungsfall,
* die sachgemäße Konstruktion mit besonderer Berücksichti-
  gung des Verhaltens gegenüber Feuchtigkeit
* und erst an letzter Stelle eine geeignete Oberflächenbehandlung.

Die manchmal verwendete Bezeichnung "Trockenfäule" ist falsch.
Sie erweckt den Eindruck, als ob manche Pilze in trockenem
Holz existieren könnten. Mit "Trockenfäule" ist das Kennzeich-
en eines bereits abgeschlossenen Zersetzungsprozesses ge-
meint, also nicht die Krankheit selbst, sondern deren ausge-
trocknetes Endstadium (111).

202 Alle Pilze brauchen mindestens 18 - 20% Holzfeuchte, um zu ge-
deihen, die meisten erheblich mehr. Überdachtes Holz im Außenbereich hat in Extremsituationen eine Holzfeuchte von maximal
18%, gewöhnlich deutlich weniger (112 und 113). In Neubauten
darf nur trockenes Bauholz (max. 20% Feuchte) eingesetzt werden, halbtrockenes bis 30% Feuchte nur, wenn es alsbald auf
20% trocknen kann. Dies zeigt, daß die hohe Feuchte, die Pilze
zum Leben brauchen, nur durch Baufehler oder Bauschäden entstehen kann, indem die zulässige Höchstfeuchte über einen
längeren Zeitraum hinweg überschritten wird.
Die DIN 68800 (Holzschutz im Hochbau) Teil 3 schreibt folge-
richtig in ihrer neuesten Form einen vorbeugenden chemischen
Holzschutz gegen Pilze bei "für die Standsicherheit des Bau-
werkes wirksamen Holz" nicht mehr zwingend vor, wenn sicher-
gestellt ist, daß eine Holzfeuchte von 18% nicht überschritten wird. Dies wird z.B. bei Innenwänden und Geschoßdecken
von Bauwerken ohne Nachweis im Einzelfall angenommen.

Holzverfärbende Pilze

203 Zuerst ist es wichtig, zwischen holzverfärbenden und holzzerstörenden Pilzen zu unterscheiden.
Der bekannteste holzverfärbende Pilz ist die Bläue. Es sind
über 100 Arten von Bläue bekannt, die meisten befallen nur
bestimmte Holzarten. Allgemein bekannt ist die Kiefernbläue.
Sie befällt das Splintholz der Kiefer. Auch die Fichte kann
von einem Bläuepilz befallen werden, dieser jedoch verfärbt
das Holz nicht. Die Sporen des Bläuepilzes sind sehr verbreitet und entwickeln sich zum Teil schon bei einer Holzfeuchte
ab 18% und bei einer Temperatur ab 5°C. Kiefernholz kann
bei feuchtwarmer Witterung über Nacht verblauen. Deshalb ist
es gerade bei Kiefer besonders wichtig, das Holz im Winter
zu fällen, es bald aufzusägen und gut durchlüftet zu stapeln.

Durch Verblauen wird die Holzfestigkeit nicht wesentlich
beeinträchtigt. Verblautes Holz ist aber anfälliger für
andere Pilze und Schädlinge. Als Konstruktionsholz und als
Holz für deckende Anstriche ist verblaute Kiefer ohne wei-
teres geeignet.
Unterschieden wird je nach dem Vorkommen der Bläue in:
* Stammholzbläue   entwickelt sich an gefällten Stämmen bei
                       feuchtwarmer Witterung.
* Innenbläue   geht auch bis ins Holz. Entwickelt sich
                       vor allem bei Schnittholz, das schlecht
                       gelagert wird.
* Oberflächenbläue   wie der Name schon sagt, nur oberfläch-
                       lich. Entsteht bei feuchter Witterung
                       an frei lagerndem Holz. Ist meistens
                       schon durch Hobeln zu beseitigen.
* Anstrichbläue   wenn Holz mit einer Feuchte über 20%
                       gestrichen wird, oder in schon trockenes
                       Holz Wasser eindringt, kann es zu Bläue-
                       schäden kommen. In manchen Anstrichen
                       wächst die Bläue weiter. Bei lackiertem
                       Holz dringt Feuchtigkeit gerne durch
                       Risse und Fugen ein oder durch scharfe
                       Kanten, die nicht genügend vom Lack ge-
                       schützt werden.

Gegen ein Verblauen des Holzes sollen außer den handelsüblichen
Imprägnierungen auch Soda (805) und Borax (318) helfen.
Fichtenholz wird auch von Pilzen befallen, die das Holz strei-
fig rot verfärben. Diese Rotstreifigkeit kann den ganzen
Stamm befallen, wobei das Holz für Bauarbeiten nicht mehr zu
verwerten ist, da seine Festigkeit verringert ist.

Holzzerstörende Pilze

Holz wird stockig, wenn es bei hoher Feuchtigkeit an Luft-
mangel "erstickt". Das geschieht vor allem bei sommergefäll-
tem Laubholz. Eine Verstockung kann in Weißfäule, einen holzzerstörenden Pilz übergehen. Wenn das Holz nur "erstickt", was
dem Verstocken vorausgeht, treten nur Farbfehler an der Oberfläche auf, die durch Hobeln beseitigt werden können.
Unterschieden werden die holzzerstörenden Pilze (oft auch
Schwämme genannt) nach ihrem Vorkommen grob in:

* Hausfäulen   bei verbautem, längere Zeit durchfeuchteten
               Holz, aber auch im Freien auftretend. Die
               wichtigsten sind der echte Hausschwamm, der
               Kellerschwamm und der weiße Porenschwamm.
* Lagerfäulen bei zu feucht verbautem Holz, oder bei Holz,
               das unsachgemäß nach dem Fällen am Boden ge-
               lagert wurde. Die wichtigsten sind der Blätt-
               ling, der Eichenporling, die Moderfäule, der
               große Rindenschwamm und der Schmetterlings-
               porling.
* Stammfäulen sie treten nur am stehenden Baum auf.

Hier kann nur ein grober Überblick über die wichtigsten Pilze
gegeben werden. In einfachen Fällen mag dies auch zur Bestimmung genügen. Im Zweifelsfall sollte jedoch immer ein Fachbuch oder ein erfahrener Fachmann zu Rate gezogen werden, vor
allem, wenn ein größerer Befall vorliegt und z.B. ein Befall
durch den wirtschaftlich bedeutsamen, echten Hausschwamm nicht
ausgeschlossen werden kann.

Braun- und Weißfäule

Pilze werden nach Art der Zerstörung auch in Braun-, Weiß-
und Simultanfäule unterschieden.

* Weißfäule   Bei der Weißfäule wird zuerst das Lignin (110)
              abgebaut, danach die zellulosehaltigen Wand-
              schichten. Das Holz wird faserig. Das Gewicht
              nimmt schnell ab, die Festigkeit weniger
              schnell. Das Holz wird weiß, manchmal tritt je-
              doch keine Farbveränderung auf.
* Braunfäule Hier wird zuerst die Zellulose zerstört. Das
              Lignin bleibt zuerst noch erhalten. Es treten
              kurze Risse quer zur Holzfaser auf. Das Holz
              zerbricht in kurze, würfelförmige Stücke. Es
              findet eine starke Festigkeitsabnahme statt.
              Das Holz verfärbt sich dunkel, bräunlich. Die

Übersicht: pflanzliche Holzschädlinge

Art des Pilzes	Ort des Vorkommens	Besondere Merkmale
Echter Hausschwamm * Befallene Holzart: vorwiegend auf Nadelhölzern, nicht auf Eiche (Gerbsäure) * Art der Fäule: Braunfäule/Würfelbruch * Lebensbedingungen: ab 18% - 20% Holzfeuchte und optimal 18 - 22°C	häufigster Pilz in Altbauten, gefährlichster Gebäudepilz	Stränge: bis 1 cm dick, weiß-grau, später dunkel, die Stränge leiten Wasser, die ausgetrockneten Stränge sind spröde und zerbrechen mit knackendem Geräusch Fruchtkörper: bräunliche, aufliegende Fladen bis 1 cm dick und 1,5 m lang, fault leicht Besonderes: Braucht nur zum Entstehen Feuchtigkeit, danach übergriff auch auf trockenes Holz. Wassertröpfchen an Fruchtkörper und Strängen
Kellerschwamm (Warzenschwamm) * Befallene Holzart: vorwiegend auf Nadelhölzern * Art der Fäule: Braunfäule, wächst sehr schnell * Lebensbedingungen: sehr hohe Feuchte (50% -60%), Lufttemperatur 3 -35°C, optimal 24°C	feuchte Neu- und Altbauten typischer "Neubaupilz"	Stränge: haardünn, braun-schwarz, spinnwebartig, bis 8 mm dick, die zerbrechen, wenn sie trocken sind Fruchtkörper: gelb-weißer Fruchtkörper, später weißlich Besonderes: trocknet schnell
(weißer) Porenschwamm * Befallene Holzart: Vorwiegend auf Nadelhölzern * Art der Fäule: Braunfäule, Würfelbruch * Lebensbedingungen: sehr hohe Feuchte (ca 50%), Lufttemperatur 3 - 36°C, optimal 27°C	in sehr feuchten Kellern, auch in Neubauten z.B. Befall von Balkenköpfen	Stränge: weiß, bis 4 mm dick, auch trocken biegsam Fruchtkörper: weiß mit eckigen Poren,fällt zusammen, fault nicht

Hausfäulen

ART DES PILZES	VORKOMMEN	BESONDERE MERKMALE
BLÄTTLING * Befallene Holzart: nur auf Nadelhölzern * Art der Fäule: Braunfäule - Innenfäule * Lebensbedingungen: Holzfeuchte ca 40%, Lufttemperatur optimal 30°C	häufig bei Fenstern, erhebliche Schäden, die oft zuerst an der Oberfläche nicht wahrnehmbar sind	Fruchtkörper: gelb-braun, später dunkel Besonderes: verfällt in Trockenstarre
EICHENPORLING * Befallene Holzart: Laubholz, wichtigster Zerstörer von Eiche (auch Kern) * Art der Fäule: Braunfäule, zerstört das Holz völlig (Pulver) * Lebensbedingungen: Holzfeuchte über 30%, Lufttemperatur optimal 23°C	wichtigster Zerstörer von Eiche, z.B, Parkett	Fruchtkörper: korkig-hellbraun, nach unten konsolenartig verdickt in Spalten = Leisten im Halbdunkeln = Knollen im Dunkeln = Krusten
MODERFÄULE * Befallene Holzart: Nadel- und Laubholz * Art der Fäule: mehrere Pilze beteiligt, das Holz wird moderig und feucht * Lebensbedingungen: Holzfeuchte ständig über 30%	besonders bei Hölzern mit Erdkontakt	
GROSSER RINDENSCHWAMM * Befallene Holzart: Nadelholz, bes. Kiefer * Art der Fäule: Braunfäule, nur im Splint * Lebensbedingungen: ca 30% Holzfeuchte	feuchte Dachbalken,	Fruchtkörper: dünne, weiße Kruste, später braun Besonderes: gelblich-braune Streifen im Splint
SCHMETTERLINGSPORLING * Befallene Holzart: besonders Laubholz * Art der Fäule: Weißfäule mit sehr schnellem Wachstum * Lebensbed.: Holzfeuchte hoch, Luftt. 6-38°C	Lagerfäule, auch an verbautem Holz	Fruchtkörper: dachziegelartig bis 12 cm breit, 2 - 4 cm dick, Rand weiß, unten gelb-lederig Besonderes: rasches Wachstum, bis 2 cm täglich

LÄGERFÄULE

| | Braunfäule tritt überwiegend bei Hauspilzen und bei Nadelhölzern auf. |
| * Simultan-
fäule | Sie tritt auf,wenn die Zellulose und das Lignin gleichzeitig abgebaut werden. Im Aussehen ähnelt sie eher der Weißfäule. |

Ist ein Pilzbefall wahrscheinlich, gibt es folgende,einfache
Möglichkeiten der Überprüfung:
* Die Pilze bilden zuerst ein feines Fädengeflecht im Holz.
  Bei einigen wachsen nach einiger Zeit Stränge auf dem Holz,
  die mit dem bloßen Auge gut sichtbar sind. An dem Aussehen
  und an der Beschaffenheit der Stränge lassen sich die verschiedenen Pilze unterscheiden.
* Ein weiteres Unterscheidungsmerkmal sind die Fruchtkörper,
  die die meisten Pilze nach einiger Zeit auf dem Holz bilden.
  Diese werden zum Teil auch Schwämme genannt und verbreiten
  zumeist einen charakteristischen in der Regel üblen Geruch.

Es gibt auch einige einfache,physikalische Überprüfungsmetho-
den:
* Bei der Behandlung mit Sodalauge, Ammoniak oder Silbernitrat
  verfärbt sich befallenes Holz anders als gesundes (meist
  schwarz).
* Pilzbefallenes Holz ist besonders hygroskopisch. Außerdem
  treten beim Wässern auch andere Farben als beim gesunden
  Holz auf. Voraussetzung für das Wässern ist allerdings eine
  glatte Oberfläche.
* Gesundes Holz hat einen hellen Klang, krankes klingt dumpf.
* Die Druckfestigkeit von krankem Holz geht stark zurück. Das
  läßt sich nicht nur mit Stecheisen und Messer feststellen,
  sondern auch mit dem Fingernagel überprüfen.
* Oft treten Verfärbungen auf. Es muß sich dann allerdings
  nicht zwangsläufig um einen Befall von holzzerstörenden
  Pilzen handeln, sondern es können auch harmlose Schimmelpilze (z.B. Bläuepilze) sein.

Bei zu geringer Holzfeuchte verfallen einige Pilze in eine
Trockenstarre, in der sie unter Umständen jahrelang verweilen
können, um bei günstigeren Bedingungen weiterzuwachsen.
Ebenso gibt es eine Kälte- und Wärmestarre. Bei zu großer
Kälte oder Wärme sterben allerdings alle Pilze ab, die
Grenzwerte sind nur unterschiedlich.
Als einziger Pilz kann der echte Hausschwamm trockenes Holz
befallen, wobei als Voraussetzung zu seiner Entstehung ebenfalls Feuchtigkeit vorhanden sein muß. Der echte Hausschwamm
ist mit seinen Strängen in der Lage, Mauerwerk meterweit zu
überbrücken und zu durchdringen und in ihnen Wasser zu trans-
portieren.Er wird deshalb fälschlicherweise oft als Mauer-

schwamm bezeichnet.
Alle Pilze erzeugen bei der Atmung Wasser (Zellulose und Sauerstoff wird in Wasser und Kohlendioxyd zerlegt). Sie schaffen sich so einen Teil der benötigten Feuchtigkeit selbst. Bei guter Belüftung und nicht übermäßig hoher Luftfeuchtigkeit wird allerdings mehr Wasser abgeführt, als von den Pilzen erzeugt werden kann.

Der pH-Wert

Pilze lieben ein saures Milieu, gewöhnlich bei einem P_H-Wert von 4 - 5. Daher kann das Vorhandensein von sauren Baustoffen das Wachstum der Pilze begünstigen (z.B. Ziegel und Sand). Alkalische Baustoffe wie Kalk, Kalkstein, Zement, Beton und Holzwolleleichtbauplatten wirkend eher hemmend auf das Pilzwachstum.

Das Bekämpfen der Pilze

204
* Zuerst die Art des Pilzes feststellen. Gegen den echten Hausschwamm im Zweifelsfall immer die härteren Maßnahmen treffen.
* Am wichtigsten ist es, die Ursache des Pilzbefalls zu beheben. Sie ist immer ein Baufehler oder Bauschaden. Das befallene Holz muß gut durchlüftet werden, um austrocknen zu können (trockene und bewegte Luft ist am besten).
* Der Pilz kann durch Erwärmen vernichtet werden (212). Als Möglichkeiten wären zum einen das Heißluftverfahren oder aber das Erhitzen mit dem Lötkolben zu nennen (Vorsicht: nicht das Haus abbrennen!).
* Imprägnieren mit pilzwidrigen Mitteln (z.B. mit Borax oder Holzessig als biologische Imprägnierung). Amtlich zugelassen sind Holzschutzmittel auf Borbasis. Als einziges aus der Borgruppe ist Basilit B von Desowag-Bayer (313) auch zum Behandeln von Schwamm im Mauerwerk geeignet. Vorsicht vor allzu giftigen Mitteln.
205
* Eine gute Behandlungsmethode bei bereits befallenen Hölzern ist die Bohrlochtränkung: in das Holz werden eine Reihe Löcher gebohrt mit einem Durchmesser von ca 8 - 16 cm und einer Tiefe von 2 - 4 cm. In Faserrichtung wird ein Abstand von etwa 15 - 20 cm gewählt, quer zur Faser 3 bis 4 cm, wobei es vorteilhaft ist, die Löcher versetzt ins Holz zu bohren. Wenn die Löcher nicht in den Zugzonen von Konstruktionshölzern eingebohrt werden, ist die Festigkeitsminderung gering. Die Löcher werden dann eventuell mehrmals mit Imprägniermittel gefüllt und danach mit Holzdübeln

verschlossen. (Nach Schneider, siehe Anhang)
* Stark geschädigte Teile, die in ihrer Funktionsfähigkeit
  beeinträchtigt sind, müssen ausgetauscht werden, vom echten Hausschwamm befallene Hölzer müssen unbedingt verbrannt
  werden. Darüberhinaus muß beim echten Schwamm einen Meter
  über den sichtbaren Befall hinaus alles Holz entfernt werden. Falls nur der Splint (109) betroffen ist, hilft oft
  ein Abbeiteln desselben, wobei Hölzer, die zu stark in
  ihrem Querschnitt geschwächt sind, verstärkt werden müssen.

Schimmmelpilze

206 Schimmelpilze sind in den letzten Jahren verstärkt aufgetre-
ten. Abgesehen von den Fällen, in denen Bauschäden durch
undichte Dächer oder defekte Rohrleitungen entstanden, ist
die Ursache immer in der Bildung von Tauwasser an der raum-
seitigen Oberfläche zu finden. Die Wärmedämmung ist dann für
die im Raum anfallende Höhe der Luftfeuchtigkeit zu schlecht.
Oder umgekehrt ausgedrückt: Die Luftfeuchtigkeit im Raum ist
für die baulichen Gegebenheiten zu hoch.
Auch in Altbauten haben die Schäden stark zugenommen, vielfach bedingt durch den Einbau neuer, sehr fugendichter Fenster. Gewohnt an eine Zwangsentlüftung durch undichte Fenster-
fugen, lüften die Bewohner zu wenig und die nicht abgeführte
Wasserdampfmenge kondensiert an den Wänden. Besonders betroffen sind hierbei nicht nur Küchen und Bäder, sondern auch
Schlafräume.
Die Bekämpfung des Schimmels mit chemischen Mitteln ist nun
allerdings der falsche Weg. Diese z.T. hochgiftigen Mittel
gefährden nicht nur die Bewohner, sondern sind reine Symptom-
bekämpfung. Bei Nachlassen der Giftwirkung wird der Befall
mit Sicherheit wieder auftreten, wobei ja immer durch den
Schimmel nicht nur Holz, sondern auch Mauerwerk, Tapeten
und Teppiche betroffen werden.

Physikalische Grundlagen:

Luft enthält immer einen bestimmten Anteil an Wasserdampf.
Die Höchstmenge an Wasserdampf, die von der Luft aufgenommen
werden kann, hängt von der Temperatur ab. Je wärmer die Luft
ist, desto größer die Aufnahmefähigkeit.

Wasserdampfgehalt der Luft bei Sättigung in Abhängigkeit
von der Temperatur:

Temperatur in °C	-20	-10	0	+10	+20	+30
max. aufnehmbare Menge an Wasserdampf in g/m³ Luft	0,9	2,17	4,8	9,4	17,3	30,3

Fällt mehr Feuchtigkeit an, als die Luft aufnehmen kann, wird
also die Sättigung erreicht, so kondensiert diese zusätzliche
Feuchtigkeit als Tauwasser aus (Nebel, Dampfschwaden aus
Kühltürmen, Dampf beim heißen Duschen etc.).

Unterschieden wird:
* die absolute Luftfeuchtigkeit, sie gibt an, wieviel g Wasser
  sich momentan in einem m³ Luft befindet,
* die maximale Luftfeuchtigkeit, sie gibt an, wieviel g Wasserdampf bei einer bestimmten Temperatur maximal in einem m³
  Luft gelöst werden können,
* die relative Luftfeuchtigkeit, sie gibt an, wieviel % der
  maximal löslichen Wasserdampfmenge die Luft enthält.

Beispiel: 20°C warme Luft kann maximal 17,3 g Wasserdampf
          lösen. Bei 60% relativer Luftfeuchtigkeit enthält
          die Luft (20°C) also tatsächlich 10,38 g Wasser-
          dampf, das sind 60% von 17,3 g.

Formel:

$$\text{relative Feuchte} = \frac{\text{absolute Feuchte x 100}}{\text{maximale Feuchte}} = \frac{10,38 \times 100}{17,3} = 60\%$$

Wenn kalte Luft erwärmt wird, sinkt die relative Feuchte.
Umgekehrt steigt sie bei Abkühlung der Luft. Ohne daß Tauwasser auftritt, kann Luft nur bis zur Taupunkttemperatur
abgekühlt werden, dann wird der Sättigungspunkt erreicht.
Wird die Luft weiter abgekühlt, kondensiert Tauwasser aus.
Die Taupunkttemperatur der Luft steht also in Abhängigkeit
zur Temperatur und zu der relativen Feuchte der Luft.

Die nachfolgende Tabelle gibt an, bis zu welcher Temperatur
Luft einer bestimmten Temperatur und einer bestimmten relativen Luftfeuchtigkeit abgekühlt werden kann, ohne daß Tauwasser auftritt.

Wasserdampfgehalt von Luft in g/m³				
rel. Luftfeuchte	30%	50%	70%	90%
Lufttemperatur				
24°C	5,4	12,9	18,2	22,3
22°C	3,1	11,1	16,3	20,3
20°C	1,9	9,3	14,4	18,3
18°C	0,2	7,4	12,5	16,3

Beispiel: Bei einer Raumtemperatur von 22°C und einer relativen Luftfeuchte von 50 %, erreicht die Luft die Taupunkttemperatur bei 11,1°C, sie ist dann gesättigt. Bei weiterer Abkühlung tritt Kondenswasser auf.

Was tun bei Schimmelbefall?

* Erhöhen der Wärmedämmung der Wand. Das hat den zusätzlichen Vorteil, daß dabei auch weniger geheizt werden muß. Bei einer Innendämmung ist allerdings unter Umständen eine Dampfsperre erforderlich, da eventuell Wasserdampf in der Wand kondensieren könnte. Im Zweifelsfall kann dies durch eine Taupunktberechnung (Kosten:etwa 100 - 250 DM, je nach Schwierigkeitsgrad) geklärt werden.
* Lüften. Die feuchte Luft muß abgeführt und durch trockene ersetzt werden. Wegen des geringen Feuchtigkeitsgehaltes kalter Luft ist dabei eine Lüftung bei klarem Winterwetter sehr viel wirksamer als an warmen, feuchten Sommertagen.
* Beim Auftreten von Schimmel hinter Wandverkleidungen und Schränken sollte für eine ausreichende Hinterlüftung gesorgt werden (704).

Zu beachten ist, daß sich bei längerer Durchfeuchtung außer Schimmel auch andere Pilze am Holz ansiedeln können. Vom Schimmel befall besonders bedroht sind Küchen, Bäder und andere mitgeheizten Räume wie z.B. Schlafzimmer (der Mensch verdunstet pro Nacht etwa 1 l Wasser). Im Winter sollten kühle Räume nicht durch offene Türen "mitgeheizt" werden, vor allem, wenn die Wärmequelle in Räumen mit hoher Luftfeuchte steht, da die Wandtemperatur in den "mitgeheizten" Räumen besonders niedrig ist.

Zusammenfassung

Einschätzung der Schäden, die durch Pilze entstehen

Im allgemeinen wird die Gefahr, die durch Pilze droht, maßlos übertrieben, da durch ein sachgemäßes Vorbeugen ein Befall mit Sicherheit verhindert werden kann. Treten jedoch Schäden am Holz auf, so können deren Folgen - auch ökonomisch gesehen - u.U. überaus bedeutsam sein.
Deshalb ist es z.B. beim Kauf eines alten Fachwerkhauses anzuraten, sich nicht nur zusichern zu lassen, daß nach

bestem Wissen und Gewissen des Verkäufers kein schwerwiegen-
der Pilzbefall vorliegt, sondern darüberhinaus noch eine
Rücktrittsklausel von z.B. einem Jahr vertraglich zu vereinbaren, falls sich doch beim Renovieren nachträglich schwere
Schäden zeigen sollten.
Gerade wenn in alten Häusern die Balken verkleistert sind
und z.B. der Boden bei nicht fachgemäßem Innenausbau mit
dampfdichten Belägen versehen ist, gibt es des öfteren Pilzbefall. Verdächtig ist immer ein feuchter, stockiger Geruch
in Räumen. Im Zweifelsfall das Haus vor dem Kauf durch einen
Sachverständigen untersuchen lassen.

Anmerkung der Herausgeber:

*An dieser Stelle hätten wir gern einige Photos der wichtig-
sten pflanzlichen und tierischen Holzschädlinge gebracht.
Da uns z.Zt. jedoch kein geeignetes Photomaterial dazu vor-
lag, möchten wir auf die "HOLZSCHUTZFIBEL" der Fa. Desowag –
Bayer verweisen, die gutes Bildmaterial für die Identifi-
zierung der Schädlinge enthält und kostenlos angefordert
werden kann bei:*

> *Desowag – Bayer Holzschutz GmbH*
> *Roßstr. 76*
> *4000 Düsseldorf 30*

Tierische Holzschädlinge

207   Neben den pflanzlichen Holzschädlingen, den Pilzen (201),
wird das Holz auch von tierischen Schädlingen bedroht. Wie
bei den Pilzen wird die Gefahr durch tierische Holzschädlinge oft übertrieben. Das zeigt u.a. auch die Tatsache,
daß es jahrhunderte- und jahrtausendealte Bauwerke aus Holz
gibt, die diese Zeiten ohne jeden chemischen Holzschutz im
heutigen Sinne überdauert haben. In den meisten ländlichen
Gegenden von Deutschland war der Fachwerkbau über Jahrhunderte hinweg vorherrschend. Früher wurde ein Schutz des Holzes durch richtige Baukonstruktionen und durch die Wahl von
geeignetem Holz erreicht.
Nach neueren Untersuchungen geht der Befall durch Schadinsekten zurück. Dies hat wahrscheinlich viele Ursachen. Einer-
seits wird ihnen mit Sicherheit durch den vermehrten Einsatz
von Spanplatten die Lebensgrundlage entzogen, andererseits
ist die Verwendung von Bauholz in vielen Bereichen des Hauses
zurückgegangen. Decken und Treppen werden heute z.B. in der
Regel nicht mehr aus Holz gebaut. Die heute oftmals geringe
Luftfeuchte, und damit auch geringe Holzfeuchte in zentral-
geheizten Räumen (112) hat sicherlich ein übriges dazu beige-
tragen. Auch durch die oft porenverschließende Behandlung mit
Lacken und durch die Verwendung dichter Kunststoffbodenbeläge
wird in vielen Fällen eine Eiablage verhindert.

Die Entwicklungsstadien der Schadinsekten

Mit Ausnahme der Termiten machen die Schadinsekten wie andere
Insekten verschiedene Entwicklungsstadien durch: Ein Käfer
legt seine Eier (oft ein Gelege von mehreren Hundert) in Poren
und Risse des Holzes ab. Daraus entwickeln sich Larven, die
sofort anfangen, sich in das Holz einzubohren. Diese Larven
sind die eigentlichen Zerstörer des Holzes. Je nach Lebens-
bedingungen und Larvenart leben diese zwischen einem und zehn
Jahre im Holz. Danach verpuppen sie sich, und nach kurzer Zeit
208   schlüpft wieder ein Käfer aus. Dieser hat nur eine Lebenser-
wartung von 3 - 5 Wochen und frißt in dieser Zeit nicht. Die
Flugzeit der Käfer liegt zwischen Mai und August und ist
abhängig von Klima und Wetter, sowie der Art der Käfer. Aus-
schließliche Aufgabe der Käfer ist es, für die Vermehrung zu
sorgen. Da die Larven nur im Holz leben und dieses nicht ver-
lassen, kann ein Befall einzig und allein durch die Käfer verbreitet werden. Die Larven des Hausbocks z.B. zerstören bei
starkem Befall ein Holzstück komplett (den Kern ausgenommen),
lassen aber die Oberflächen hauchdünn unversehrt stehen.

Ein Befall kann auch über mehrere Generationen im selben Holz leben. Die Klopfkäfer (Anobien) z.B. legen ihre Eier gerne in alte Schlupflöcher. Wichtig ist, daß die Käfer immer Löcher oder Risse zur Eiablage brauchen. Porenverschließend lackierte oder gewachste Oberflächen sind gegen einen Neubefall geschützt.

Frischholzinsekten und solche, die auch verbautes Holz befallen

209 Die meisten Schadinsekten sind sogenannte Frischholzinsekten. Sie legen ihre Eier nur in nicht entrindetes, saftfrisches Holz. Da die Flugzeit dieser Käfer in der warmen Jahreszeit liegt, läßt sich ein Befall verhindern, wenn das Holz im Winter geschlagen, entrindet und aufgesägt wird, wie es sowieso der Fall sein sollte. Nicht entrindetes Holz sollte nicht im Haus verbaut werden, denn eingeschleppte Frischholzinsekten können sich gewöhnlich auch im trockenen Holz noch weiterentwickeln. Wenn sie ausschlüpfen sind einige Arten in der Lage, Dacheindeckungen, Teerpappe und sogar Bleibleche zu durchdringen. Die zurückbleibenden Löcher werden dann leicht mit Hausbockbefall verwechselt.
Außer den Termiten, die hierzulande bisher nur in Hamburg festgestellt wurden, gibt es nur drei Arten von tierischen Holzschädlingen, die auch bereits verbautes Holz befallen. Und von diesen befallen nur die Klopfkäfer (Anobien) Kernholz, der Hausbock befällt nur Nadelholz und der Splintholzkäfer Laubholz.

Wie schützt man sich vor tierischen Holzschädlingen?

210 * Eine, allerdings recht teure Möglichkeit ist die Verwendung von nicht gefährdeten Holzarten bzw. von Kernholz.Jedoch läßt sich ein Befall auch bei gefährdeten Holzarten verhindern!
* Die Verwendung von trockenem Holz ist wichtig. Gerade bei sehr alten Häusern ist ein Befall in der Regel selten, bei Neubauten ist die Eiablage in relativ feuchten Hölzern in jedem Falle wahrscheinlicher.
* Glatte Oberflächen durch Wachsen der Hölzer (419) schaffen. Dies setzt allerdings bei Kanthölzern und Balken nicht nur eine gehobelte Oberfläche voraus, sondern der Trocknungsvorgang muß soweit abgeschlossen sein, daß sich keine Risse mehr bilden (119).

Frischholzschädlinge

ART DES SCHÄDLINGES	FRASSBILD UND FLUGLÖCHER	BEFALLENE HOLZART
BLAUER SCHEIBENBOCK Lebensweise: Entwicklung in feuchtem Holz 1 Jahr, in trockenem 2-3 Jahre, Flugzeit Mai/Juli Aussehen der Larve: ca 20 mm lang, dem Hausbock ähnlich Aussehen des Käfers: 11-13 mm lang, Fühler 5-6 mm, Deckflügel metallisch dunkelblau bis violett schimmernd, Halsschild dunkelblau, Frischholzinsekt	Sich kreuzende Fraßgänge zwischen Rinde und Holz. Inhalt der Fraßgänge ist braun und locker, zum Verpuppen bohren sie Hakengänge ca 3 cm tief ins Holz. 4-6 mm ovale Fluglöcher mit glattem Rand	gefälltes, berindetes Nadelholz, selten Laubholz. Gelangt nur mit nicht entrindetem Holz ins Haus
FICHTENSPLINTBOCK Lebensweise: Entwicklung 2-3 Jahre, Flugzeit Mai/August Aussehen der Larve: 14-20 mm lang, weiß, fein behaart, 2 Chitinspitzen am Körperende Aussehen des Käfers: ca 11 mm lang, meist gelb-braun, lange Fühler (1/2 Körperlänge),Fühler und Beine rotbraun Frischholzinsekt	Fraßgänge zwischen Rinde und Holz, die Hakengänge, die zum Verpuppen ins Holz gebohrt werden sind scharfwinklig, oval und bis 5 cm tief	Frisch gefälltes, berindetes Nadelholz, gelangt mit frischem Bauholz ins Haus
HALSGRUBENBOCK Lebensweise: Entwicklung im allgemeinen 3 Jahre, zunächst in frischem, berindetem Holz, später auch in trockenem, Flugzeit Juli/August, Frischholzinsekt Aussehen der Larve: 15-20 mm lang, weiß, mit 3 Paar kleinen Dornen am Körperende (mit Lupe sichtbar) Aussehen des Käfers: 11-24 mm lang, Fühler lang (1/2 Körperlänge), schwarz-braun, sieht dem Hausbock ähnlich, 2 "grubenartige" Eindrücke am Halsschild	Die Fraßgänge sind langgestreckt, oval, und fest mit Spänen verstopft. Fluglöcher 8-14 mm groß, länglich mit glattem Rand.	gefälltes, berindetes Nadelholz (auch feuchtes Kernholz
HOLZWESPE Lebensweise: Entwicklung 2-4 Jahre, entwickelt sich auch im trockenen Holz, Flugzeit Frühjahr/Herbst Aussehen der Larve: 15-20 mm lang, weiß, mit drei Paar Stummelfüßen, Stachel am Körperende Aussehen des Käfers: 30-55 mm lang, gelb mit schwarzer Brust, stummelförmige weißgelbe Füße, Frischholzinsekt	Lange, runde Fraßgänge, die mit Bohrmehl verstopft sind. 5-7 mm kreisrunde Fluglöcher.	Fichte und Tanne, selten Kiefer. In krankem und frischgefälltem Holz, meist bei entrindetem (noch saftfrisch, aber geschnitten)

Trockenholzschädlinge

ART DES SCHÄDLINGES	FRASSBILD UND FLUGLÖCHER	BEFALLENE HOLZART
HAUSBOCK Lebensweise: Entwicklung der Larve 4-5 Jahre, Flugzeit Juli/August, verpuppt sich unter der Holzoberfläche, papierdünne Holzhaut bleibt stehen Aussehen der Larve: 30 mm lang, 5 mm dick, gelblich-weiß, keine Beine sondern Kriechwülste, Brust breit und flach, Kopf schwarzbraun Aussehen des Käfers: ca 10-20 mm lang, schwarz-braun mit 2 hellen Bändern an den Deckflügeln, 2 glänzend schwarze Höcker am Halsschild, dünne Fühler ca 3-6 mm	Der Fraß beginnt außen im eiweißreichen Splint, die Bohrgänge sind bei starkem Befall nur durch dünne Zwischenwände getrennt, helles Bohrmehl in den Fraßgängen. Ovales Flugloch mit ausgefranstem Rand (5-10 mm groß)	Nur Nadelholz (besonders Kiefer), kein Kernholz. Befällt besonders Dachböden
KLOPFKÄFER, ANOBIEN (MÖBELKÄFER, POCHKÄFER, TOTENKÄFER) Lebensweise: Entwicklung der Larve 2-3 Jahre,Flugzeit Mai/August, stoppt Entwicklung bei 10% Holzfeuchte, lebt in der Regel bei über 55% Luftfeuchte Aussehen der Larve: 3-4 mm lang, mit Beinen, die Larve ist gelb-weiß mit gelben Haaren und engerlingsartig gekrümmt Aussehen des Käfers: 3-5 mm lang, braun oder schwarz, Flügel mit Punktstreifen, Fühler und Beine rotbraun	Die Fraßgänge sind rund und verlaufen unregelmäßig (Durchmesser 0,3 - 2 mm) Das Flugloch ist rund (0,7 - 2,2 mm), das befallene Holz sieht "wurmstichig" aus, bei Erschütterung rieselt feines Bohrmehl aus den Löchern, die Larven geben tickende Geräusche von sich ("Totenuhr")	Alle Holzarten, zumeist kein Kernholz verbautes Holz, bes. Treppen und Möbel.
SPLINTHOLZKÄFER (PARKETTKÄFER) Lebensweise: Entwicklung der Larve 1 Jahr, Flugzeit Mai/Juni, auf Eiweiß und Stärke im Holz angewiesen, tritt wenig in Erscheinung Aussehen der Larve: 3-4 mm lang, mit Klopfkäfer leicht zu verwechseln, größere Stigmen am letzten Segment Aussehen des Käfers: 2,5 - 5 mm lang, hell- bis dunkelbraun, langgestreckter, flacher Halsschild, 2 Endglieder der Fühler keulenförmig	Fraßgänge verlaufen in Richtung der Faser und sind geschlängelt (im allgemeinen im Frühholz), die Bohrgänge sind mit Bohrmehl verstopft. 1 mm kreisrunde Fluglöcher.	Laubholz, besonders Eiche und Limba, nur Splintholz

* Das Holz sollte nicht mit Rinde verarbeitet werden, um aus-
zuschließen, daß sich Frischholzschädlinge darunterbefinden
* Nach Möglichkeit Holz aus Wintereinschlag (126) verwenden,
es bietet den Schädlingen weniger Nahrung.
* Besonders bei Dachböden sollte das Holz für Käfer unzugänglich gemacht werden. Dies ist durch ein Abdichten von Ritzen
und Fugen und ein Geschlossenhalten der Fenster während der
Flugzeit der Käfer möglich, bzw. lassen sich die Fenster ja
auch mit Fliegendraht abdichten. Nicht zuletzt kann man bei
einer regelmäßigen Kontrolle einen Befall frühzeitig ent-
decken, bevor er sich ausgebreitet hat.

* Noch ein grundsätzliches Wort zum chemischen Holzschutz
(303): Liegt kein Vollschutz vor, sind die Dachbalken
also nur oberflächlich behandelt, können sich Holzschädlinge immer noch in sich nachträglich bildende Risse einnisten.
Bei der nachträglichen Imprägnierung stellt sich das Problem, daß nicht alle Stellen des verbauten Holzes erreicht
werden können. Und bei der vorbeugenden Behandlung von z.B.
Dächern, gewährleisten nur recht hochgiftige Chemikalien,
daß die Imprägnierung durch Regen vor dem Eindecken nicht
wieder ausgewaschen wird.

Kontrollmöglichkeiten bei Befall

* Ausflugslöcher. Setzt voraus, daß schon eine Entwicklung
bis zum Käfer stattgefunden hat. Die Bestimmung, ob es sich
um Frischholzschädlinge handelt, ist wichtig. Hausböcke
fliegen vor allem auf der Oberseite der Balken aus. Graue
Ränder der Fluglöcher weisen auf einen abgestorbenen Befall
hin.
* Auf Fraßgeräusche hören. Vorher einige Minuten ruhig sein,
am besten mit (elektro-akustischem) Horchgerät abhorchen.
* Anreißen der Holzfaser bei Hausbockverdacht quer zur Faserrichtung mit einer Reißnadel oder einem Messer. Der Hausbock nagt die Gänge immer bis nahe an die Oberfläche.
* Anklopfen der Balken. Bei starkem Befall klingt es dumpf.
* Auf Bohrmehl achten.
* Zur Flugzeit auf Käfersuche gehen. Oft lassen sie sich in
dunklen Ecken finden.
* das Holz aufbeiteln oder aufsägen und die Fraßgänge anschau-
en. Das ist nicht nur sinnvoll um die Art des Schädlings
festzustellen, sondern auch um die Stärke des Befalls her-
auszufinden.

Wo ist der Befall?

* Auf dem Dachboden findet sich im wesentlichen nur der Hausbock, seltener Anobien (Klopfkäfer),
* In Wohnräumen fast nur Klopfkäfer oder Parketthölzkäfer, seltener der Hausbock,
* Im Keller gewöhnlich nur Klopfkäfer,
* Im Fachwerk, besonders nach Süden, ist der Hausbock, eventuell auch der Klopf- oder der Parketthölzkäfer zu finden.

Was tun bei Befall?

211 * Besonders bei Hausbock im Dach: die betroffenen Teile bis auf den Kern abbeilen. Den Rest mit einer Drahtbürste gut reinigen und/oder mit einem starken Industriestaubsauger absaugen . Danach unter Umständen noch mit Gift behandeln.
* Sehr stark befallene Teile ausbauen und verbrennen.
* Sehr geschwächte Balken verstärken.
* Mit Gift (304) behandeln. Außer den handelsüblichen Mitteln, die alle bedenklich sind, soll auch das Injezieren von Petrolium oder Benzin helfen (auch nicht ganz unbedenklich). Vor allem bei Möbelstücken auf jeden Fall die Löcher zuwachsen, damit die Atemgifte auch drin bleiben, bei Konstruktionshölzern ist die Bohrlochtränkung geeignet.(205)
* Bewährt zur Schädlingsbekämpfung hat sich auch Holzessig. Billiger und wahrscheinlich genauso wirkungsvoll dürfte hochkonzentrierte Essigsäure sein (Hauptbestandteil des Holzessigs) (320)
212 * Bei starkem Befall ist eine Behandlung mit dem Heißluftverfahren sinnvoll. Bei diesem ungiftigen Verfahren wird in das abgedichtete Dach mit einem Gerät heiße Luft eingeblasen, bis die Mitte der stärksten Balken eine Temperatur von ca 55°C für einen Zeitraum von 30 - 60 Minuten erreicht hat. Damit ist jeder Befall sicher abgetötet. Dieses Verfahren ist auch zur Vernichtung von Pilzbefall geeignet. Das Heißluftverfahren, das nur von konzessionierten Firmen angewendet werden darf, ist das einzige Verfahren, das einen 100%igen Erfolg garantiert und außerdem das einzige, das völlig unschädlich ist.
213 * Zu beachten ist bei einem Schädlingsbefall bei Bauholz, daß die DIN 68800 in diesem Falle eine Bekämpfung mit einem amtlich zugelassenen Holzschutzmittel vorschreibt (311), wobei das oben erwähnte Heißluftverfahren ebenfalls zugelassen ist.
* Als noch recht akzeptable,amtlich zugelassene Mittel bieten sich die Salze an, die zum Bekämpfen von akutem Insektenbe-

fall zugelassen sind. Da sie keine organischen Gifte und auch keine Lösungsmittel enthalten, sind sie relativ unproblematisch.

Termiten

Termiten sind die einzigen tierischen Holzschädlinge, die nicht das Stadium der Larve durchlaufen. Hier sind die Käfer selbst die Holzzerstörer. Wie die Ameisen leben sie in sozialen Verbänden, bestehend aus Arbeitern, Soldaten und Königin. Eine Art, die "gelbfüßige Bodentermite", wurde vor Jahren nach Hamburg eingeschleppt und hat dort großen Schaden angerichtet. Es ist nicht bekannt, ob sie in Deutschland noch weiter verbreitet ist.

Holzschutzmittel

Die Behandlung des Holzes

301 Bei der Holzbehandlung müssen zunächst zwei Behandlungs-
gruppen grundsätzlich unterschieden werden : der (chemische)
Holzschutz und die Holzoberflächenbehandlung.

* Für den chemischen Holzschutz werden Holzschutzmittel
(Gifte) verwandt, die das Holz vor Insekten und Pilzbefall
schützen.
* Mit einer Oberflächenbehandlung wird ein Oberflächenmittel
(Lack, Lasuren, Wachs, Öl, usw.) aufgetragen, um das Holz
vor äußeren Einwirkungen zu schützen. Dabei wird - abhängig von der Art des Mittels - eine unterschiedlich starke
Schicht auf das Holz aufgebracht, mit der folgendes erreicht werden soll:
- das Holz vor Feuchtigkeits- und Witterungseinflüssen zu
schützen und/oder
- das Holz durch dekorative Wirkung zu verschönern und es
vor Verschmutzung und Abnützung bewahren.
Reine Oberflächenmittel enthalten keine Wirkstoffe gegen
Pilze und Insekten.

Nun gibt es im Handel eine Reihe von Mitteln, die beide Funk-
tionen erfüllen: dies sind in der Regel Farben und Lasuren,
die mit insektiziden und fungiziden Giften versetzt sind.

302 In der Praxis gibt es drei Anwendungsbereiche:

1. **Holzschutz im Innenbereich** also Holz, das weder der Wit-
terung ausgesetzt, noch sichtbar ist und sich im
Wohnbereich befindet.
   Beispiele :   Deckenbalken, Dachbalken, Rückseite
                      von Vertäfelungen
   Behandlungsweise : a) Holzschutz durch richtige Kon-
                         struktion
                      b) ev. zusätzlicher chemischer Holz-
                         schutz

2. **Oberflächenbehandlung im Innenbereich** also Holz im Wohn-
bereich.
   Beispiele :   Fußboden, Möbel, Vertäfelungen,
                      Innentüren
   Behandlungsweise : a) geeignete Konstruktion
                      b) Oberflächenmittel

3. **Holz- und Witterungsschutz im Außenbereich** also Holz,
das der direkten Bewitterung ausgesetzt und sichtbar ist.

Beispiele :   Außenverbretterungen, Fenster und
                     Türen
Behandlungsweise :   a) geeignete Konstruktion
                     b) evt. chemischer Holzschutz
                     c) Oberflächenmittel

Gifte und ihre Wirkung – ein kleiner Exkurs

303 *Alle Holzschutzmittel sind giftig, da ihre Wirkung eben auf
     dieser Giftigkeit beruht, jedoch ist die Gefährdung, die von
     ihnen ausgeht, sehr unterschiedlich.
     Es ist schon schwer, zu definieren, was ein Gift ist und was
     nicht. In genügend großer Menge genossen ist alles giftig,
     sogar reines Wasser; eine starke Wasservergiftung kann töd-
     lich verlaufen. Umgekehrt sind viele Stoffe, die als Gifte
     eingestuft sind, in geringen Mengen unschädlich, manchmal
     sogar für den Körper lebensnotwendig.*

Vergiftungsrisiko

304 *Die Giftigkeit der Holzschutzmittel (tödliche Dosis in Gramm)
     sagt allerdings noch wenig über die Gefahren aus, die dem
     Verarbeiter oder Bewohner drohen. Es kommt nämlich darauf an,
     wie groß die Gefahr ist, daß der Körper die giftigen Substan-
     zen aufnimmt. Lösungsmittelhaltige Holzschutzmittel verpesten
     den ganzen Raum und werden zwangsläufig durch die Lungen auf-
     genommen. Nur die Verwendung von Gasmasken mit den entsprech-
     enden Filtern bietet einen mäßigen Schutz. Aber die Gifte ge--
     raten dennoch in die Umwelt und viele der Mittel dünsten noch
     über einen langen Zeitraum hinweg ab und bedrohen damit die
     Gesundheit der Bewohner.
     Die Gefahren von Holzschutzsalzen sind deshalb oft besser in
     Griff zu bekommen. Außer bei Einrühren des Pulvers in das Was-
     ser und beim Spritzen, besteht die hauptsächliche Gefahr in
     einer Aufnahme durch die Haut. Andere Mittel wiederum sind
     nur dann gefährlich, wenn die Haut durch Wunden verletzt ist.
     Bei gesunder Haut können sie nicht in den Körper eindringen.
     Aufnahmen durch den Mund wird es außer bei Unfällen haupt-
     sächlich durch Essen, Trinken und Rauchen bei der Arbeit ge-
     ben oder wenn hinterher nicht genügend Sorgfalt auf Waschen
     usw. gelegt wurde.
     Die Form der Aufnahme durch den Körper ist auch für die Stär-
     ke der Giftwirkung wichtig. Curare, das hochgiftige Pfeilgift
     der südamerikanischen Indianer (40 - 50 mg sind tödlich) kann
     bei normaler Nierenfunktion gefahrlos getrunken werden, da*

das Gift dann nicht in den Blutkreislauf kommt. Gerade bei
flüchtigen Stoffen ist auch die Länge der Einwirkung sehr
wichtig. Ein kurzer Aufenthalt in starken Lösungsmitteldämp-
fen ist unter Umständen weniger gefährlich als stundenlanger
Aufenthalt in schwachen.
Bei der einmaligen Verarbeitung vieler Holzschutzsalze dro-
hen nur akute Vergiftungen. Bei den lösungsmittelhaltigen
dagegen kann sich für die Bewohner eine chronische Vergiftung ergeben, die unter Umständen erst spät entdeckt und
daher nicht mehr auf das Holzschutzmittel zurückgeführt
wird.
In einigen Fällen wurde nach langem Siechtum, das die Ärzte
nicht erklären konnten, zufällig PCP (306) im Blut der
Patienten gefunden. Die Ursache der Krankheit war ein oft
jahrelang zurückliegendes Behandeln von Hölzern in der Wohnung mit einem PCP-haltigen Mittel.

Umweltprobleme: Haltbarkeit der Gifte in der Umwelt

305 In anderen Fällen liegt die Gefahr weniger in einer akuten
Vergiftung, sondern im Auftreten langfristiger Schädigungen.
Manche Stoffe haben eine Depotwirkung und lagern sich im
(Fett)-gewebe ab. Eine längerdauernde Zufuhr dieser Stoffe
kann zu einer Schädigung oder Vergiftung führen, obwohl die
einzelnen aufgenommenen Mengen minimal sind. Dazu zählen u.a.
die in vielen Holzschutzsalzen vorkommenden Schwermetalle
(Quecksilber usw.) und vor allem die chlorierten Kohlenwasserstoffe. Diese bilden nicht nur eine Gefahr für die Verarbeiter
und Bewohner, sondern halten sich auch sehr lange in der Umwelt, und bedrohen Menschen und Tiere global. Deshalb sollten
diese Stoffe auf keinen Fall verwendet werden.
Ein Beispiel dafür ist der chlorierte Kohlenwasserstoff DDT.
Es dauerte 40 Jahre bis die verheerenden Wirkungen von DDT
erkannt wurden und er in fast allen Ländern verboten wurde.
Heute gibt es kein Lebewesen auf der Welt, in dessen Körper
kein DDT aufzufinden wäre, da es durch die Nahrungsmittel-
ketten weltweit verbreitet wurde.

306 Ähnliche Probleme gibt es bei dem als Pflanzenschutzmittel
und in Holzschutzmitteln verbreiteten Lindan.
Chemisch gesehen ist Lindan das γ - Isomer des Hexachlor-
cyclohexan (HCH), einem chlorierten Kohlenwasserstoff, der
aus Chlor und Benzol hergestellt wird. Bei der chemischen
Produktion fallen 60-70 % α - HCH, 10-15 % β - HCH und zu
12-15 % γ-HCH an.
Dieses Gemisch (technisches HCH) wurde so lange verwandt, bis
sich herausstellte, daß α - HCH krebserregend, β - HCH sehr
langlebig ist und sich im Fettgewebe anlagert. Seit 1977

wurde deshalb die Anwendung von technischem HCH in der BRD
verboten. Erlaubt ist nur noch gereinigtes γ - HCH.
Bei der Produktion dieses erlaubten Isomers fällt jetzt also
zu mindestens 85 % hochgiftiger "Chemiemüll" bei der Produk-
tion an.
Ebenso wie Lindan wird der chlorierte Kohlenwasserstoff
Pentachlorphenol (PCP) in Holzschutzmitteln verwendet.
PCP ist nach einigen Todesfällen zwar 1978 für den Innenbe-
reich verboten worden, im Außenbereich ist es jedoch weiterhin
erlaubt. Eine Herstellerfirma mußte z.B. einem Ehepaar aus
Tutzing zum Ausgleich für einen Leberschaden 128000 DM zahlen.
In Schweden und den USA ist die Verwendung von PCP inzwischen
untersagt. Bei der Verbrennung oder unter dem Einfluß von
UV-Strahlen kann aus PCP das Ultragift TCCD entstehen, das in
Seveso unter dem Namen Dioxin traurige Berühmtheit erreichte.

307 Die chlorierten Kohlenwasserstoffe haben alle eine sehr hohe
biologische Halbwertzeit. Das ist die Zeit, in der die Hälfte
eines aufgenommenen Stoffes wieder ausgeschieden wird.
Werden diese Stoffe im Außenbereich eingesetzt, dann wittert
das Holzschutzmittel im Laufe der Zeit ab (an der Wetterseite oft schon nach 1 - 2 Jahren). Damit verschwinden auch
regelmäßig die Gifte im Grundwasser oder in den Flüssen.
Dort sind sie dann zwar nur in sehr geringen Konzentrationen
vorhanden, reichern sich aber durch sogenannte Nahrungsket-
ten an. Das geschieht folgendermaßen:
Wegen seiner gut fettlöslichen Eigenschaften nehmen Mikroorganismen den in verschwindend geringer Menge im Wasser
vorkommenden Stoff gezielt auf. Plankton lebt von diesen
Mikroorganismen. Für die Entstehung von 10 Gramm Plankton
werden 100 Gramm Mikroorganismen benötigt. Die in 100 Gramm
Mikroorganismen vorhandene Menge an Schadstoffen, wird dann
in nur 10 Gramm Plankton konzentriert. In jedem Gramm Plankton befindet sich dann zehnmal mehr Gift als in der vergleich-
baren Menge Mikroorganismen. Einige kleinere Fische fressen
Plankton. Auch sie benötigen die zehnfache Menge an Nahrung
um ein Gramm Substanz aufzubauen. Wieder findet eine Verzehn-
fachung der Konzentration statt. Diese kleineren Fische werden wiederum von größeren gefressen usw...Die Konzentration
am Ende einer solchen Nahrungskette kann das mehrtausend-
fache von der Konzentration des Schadstoffes in den Mikroorganismen besitzen.Einige Vogelarten, die am Ende dieser
Kette stehen, sind kurz vor dem Aussterben, weil sie z.B.
extrem hohe Konzentrationen des chlorierten Kohlenwasserstof-
fes DDT im Körper haben. Auch die Fische, die wir essen, stehen oft sehr weit hinten in der Nahrungskette...
Wegen ihrer hohen Fettlöslichkeit finden sich z.B. die chlorierten Kohlenwasserstoffe in hoher Konzentration in der Mut-

termilch. Deshalb ist von einer Forschergruppe zur Prüfung
von Rückständen in Lebensmitteln (Vorhaben der Deutschen
Forschungsgemeinschaft) wegen der Verunreinigung der Mutter-
milch mit chlorierten Kohlenwasserstoffen ernsthaft ein Ver-
bot des Stillens erwogen worden!
Bei einer Reihe von Holzschutzmitteln gibt es ungefährliche
Mindestmengen, das jedoch auf keinen Fall bei solchen Mitteln,
die sich im Körper anreichern oder im Verdacht stehen, Krebs
zu verursachen. Alle Grenzwerte, die es bei diesen Stoffen
gibt sind rein technischer Natur. Es wird der Grenzwert festgelegt, der von der Industrie ohne zu großen technischen Aufwand und ohne allzu große Kosten eingehalten werden kann.
Jede Aufnahme eines solchen Stoffes ist schädlich und sei
die Dosis noch so gering.
Viele Holzschutzmittel sind in keine Giftklasse eingeteilt
und ungiftig im Sinne der Gifthandelsverordnung. Aber eben
nur im Sinne der Verordnung.
Auch die sogenannten MAK-Werte (maximale Arbeitsplatzkonzen-
tration) haben nur bedingte Aussagekraft. Mit diesen Werten
wird die maximale Höhe von Gaskonzentrationen festgelegt,
die auf Dauer in der Raumluft an Arbeitsplätzen herrschen
darf. Für einen Vergleich der Schädlichkeit verschiedener
Stoffe in der Atemluft sind die MAK-Werte brauchbar, wenn
nicht noch bisher unbekannte Schädigungen entdeckt werden.

Die Holzschutzmittel

308 Holzschutzmittel haben die Aufgabe, das Holz durch ihre Giftwirkung vor Pilz- bzw. Insektenbefall (201 und 207) zu schützen. Man unterscheidet wasserlösliche und ölige Mittel. Die
wasserlöslichen bestehen aus Salzen, die der Verbraucher
selbst in Wasser auflöst. Sie können sowohl zur Behandlung
von nassem, als auch von trockenem Holz verwandt werden. Bei
nassem Holz dringen sie besonders gut ein, wenn das Holz getrocknet ist, bleiben die Salze zurück.
Die öligen Mittel dürfen nur zur Behandlung von trockenem Holz
benützt werden (Holzfeuchte in der Regel max. 20%, besser
unter 18%, Näheres siehe Angaben der Hersteller).
Die öligen Mittel trocknen durch die Verdunstung von Lösungsmitteln (403).

Holzschutzverfahren

309 Es gibt verschiedene Verfahren, Hölzer mit Holzschutzmitteln
zu behandeln . Man kann diese grob unterteilen in:

* handwerkliche Verfahren, das sind im wesentlichen Spritzen, Streichen und Tauchen und
* die Kesseldruckimprägnierung als industrielles Verfahren.

Je nach Eindringtiefe des Mittels wird der Holzschutz unterschieden in:
310 * Oberflächenschutz, d.h. der Schutz ist nur äußerlich,
* Randschutz, d.h. der Schutz dringt weniger als einen cm in das Holz ein,
* Tiefschutz, d.h. der Schutz dringt mehr als einen cm in das Holz ein und
* Vollschutz, d.h. das Holz wird vollständig mit dem Mittel getränkt.

Ein Tief- und Vollschutz ist in der Regel nur mit industriellen Verfahren möglich. Notwendig ist er auch nur, wenn Holz vollkommen ungeschützt der Witterung ausgesetzt wird (z.B. Eisenbahnschwellen, Telegraphenmasten).

Von den handwerklichen Verfahren ist das Tauchen am besten, da hier zum einen die Benetzung vollständig und die Aufnahmemengen an Holzschutzmittel ausreichend ist, zum anderen auch die Risse gut getränkt werden. Kann das Holz nach dem Tauchen ausreichend abtropfen (am besten über einer Auffangwanne), dann sind auch die Verluste gering und das Gift gelangt nicht unnötig in die Umwelt. Der Nachteil dieses Verfahrens ist die gewöhnlich recht hohe Investition für die Tauchvorrichtung, so daß sich dieses Verfahren meist nur für etwas größere Handwerksbetriebe lohnt.
Da beim Spritzen die Verluste am größten sind, ist das Streichen aus ökologischen Gründen vorzuziehen. Die DIN fordert bestimmte Einbringmengen für Holzschutzmittel und um dieser Forderung gerecht zu werden, ist ein mehrmaliges Streichen notwendig. Fichte z.B. nimmt die Holzschutzmittel besonders schlecht auf, besonders wenn sie trocken ist.

Die amtlichen Holzschutzmittel

311 Für bestimmte Anwendungen fordert die DIN 68800 den Gebrauch eines amtlich zugelassenen Mittels. Alle diese Mittel sind im amtlichen Holzschutzmittelverzeichnis, das jährlich neu erscheint, aufgeführt. Den Mitteln werden Prüfprädikate verliehen, aus denen ersichtlich ist, für welche Anwendungsmethoden bzw. -bereiche das Mittel zugelassen ist. Interessant ist, daß die Zahl der zugelassenen Mittel von 279 im Jahre 1973 auf 197 im Jahre 1982 abgenommen hat.

Prüfprädikate:

312
```
P  = wirksam gegen Pilze (Fäulnisschutz)
Iv = gegen Insekten vorbeugend wirksam
Ib = gegen Insekten bekämpfend wirksam
S  = zum Streichen, Spritzen (Sprühen) von Bauholz geeignet
St = zum Streichen und Tauchen von Bauholz geeignet sowie
     zum Spritzen (Sprühen) in stationären Anlagen
W  = auch für Holz, das der Witterung ausgesetzt ist, jedoch
     nicht in Erdkontakt und nicht in ständiger Berührung
     mit Wasser
E  = auch für Holz, das extremer Beanspruchung ausgesetzt
     ist (Erdkontakt und ständiger Kontakt mit Wasser)
```
K_1 = behandeltes Holz führt bei Chromnickelstählen nicht zu Lochkorrosion
```
L  = Verträglichkeit mit bestimmten Klebstoffen (Leimen)
     entsprechend den Angaben im Prüfbescheid nachgewiesen
M  = Mittel zur Bekämpfung von Schwamm im Mauerwerk
```

Nachfolgend nun eine Übersicht über die Holzschutzmittel-
gruppen, die zur vorbeugenden Behandlung von Bauholz amtlich
zugelassen sind.
Quelle: Amtliches Holzschutzmittelverzeichnis

1. Wasserlösliche Mittel zur vorbeugenden Behandlung:

Schutzmittelgruppe:		Wirkstoffe:
1.1.	CF-Salze	Alkalifluoride, Bichromat (zum Teil Zusatz von Dinitrophenol)
1.2.	CFA-Salze	Alkalifluoride, Bichromat, Alkali-arsenat (z.T. mit Zusatz von Dini-trophenol)
1.3	SF-Salze	Silicofluoride
1.4.	HF-Salze	Hydrogenfluoride (Bifluoride)
1.5	B-Salze	anorganische Borverbindungen (313)
1.6	CK-Salze	Kupfersalze, Bichromat
1.6.1.	einfache CK-Salze	
1.6.2.	CKA-Salze	Zusatz von Arsenatverbindungen
1.6.3.	CKB-Salze	Zusatz von Borverbindungen (314)
1.6.4.	CKF-Salze	Zusatz von Fluorverbindungen
1.7.	CFB-Salze	Chrom-, Bor- und Fluorverbindungen, z.B. Borfluoride
1.8.	Sammelgruppe	Chrom-, Kupfer-, Bor-, Arsen-, Fluorverbindungen und weitere

2. Ölige Mittel zur vorbeugenden Behandlung:

2.1.	Teerölpräparate	Destillate aus Steinkohlenteer (Carbolineen)
2.2.	Lösungsmittelhaltige Präparate	organische Fungizide und Insektizide (z.B. chlorierte Kohlenwasserstoffe) in organischen Lösungen
2.2.1.	Bindemittelfreie oder mit geringem Bindemittelgehalt	siehe 2.2.
2.2.2.	Bindemittelhaltige, pigmentfreie Präp.	siehe 2.2.
2.2.3.	Farbig pigmentierte Präparate	siehe 2.2.
2.2.4.	Sonderpräparate, vorzugsweise für die Anwendung in stationären Anlagen	siehe 2.2.
2.2.5.	Sonderpräparate, ausschließlich für stationäre Anlagen (Unter-, Überdruck)	siehe 2.2.
2.3.	Steinölteerhaltige und chlornaphtalinhaltige Präparate	Organische Wirkstoffe, teilweise Spezialdestillate aus Steinkohlenteeröl, teilweise chlorierte Naphthaline, meist organische Lösungsm., einzelne auch Pigmente

313 Zu empfehlen sind von den amtlichen Mittel die Borsalze (Klasse 1.5.). Sie gehören keiner der drei Giftklassen an und sind somit ungiftig im Sinne der Verordnung.Ihr Nachteil gegenüber anderen Salzen ist, daß sie nicht auswaschbeständig sind. Wenn also Dachbalken, die mit einem Borprodukt behandelt wurden, längere Zeit im Regen stehen, bevor das Dach eingedeckt wird, wäscht sich das Mittel aus. Wer also meint, seine Balken unbedingt behandeln zu müssen und sie darüberhinaus noch im Regen stehen läßt, wird zu einem Mittel greifen müssen, das sich unlöslich im Holz fixiert. Diese Mittel sind dann aber auch giftiger, da sie Bestandteile wie Arsen, Chrom, Fluor, Phenolverbindungen usw. enthalten.
Ganz ungefährlich sind auch die Borsalze nicht, denn einige Hersteller empfehlen beim Einrühren der Salze ins Wasser und beim Spritzen Gasmasken zu tragen . Außerdem müssen Haut und Augen gut geschützt werden. Als einziges,amtlich zugelassenes Holzschutzmittel sind sie allerdings auch für den Einsatz in

Räumen zugelassen, in denen Eß- und Futtermittel gelagert
werden.
Im Gegensatz zu anderen Holzschutzmitteln darf mit den B - Salzen
auch Holz behandelt werden, das direkt Mauerwerk oder Putz berührt. Metalle und Glas werden von den B - Salzen nicht verätzt.

Folgende B-Salze sind lieferbar (Stand 1.4.1982):

- Adolit B	P Iv S	Remmers
- Basilit B	P Iv S M	Desowag-Bayer
- Corbal BB-8509	P Iv S	Avenarius
- Diffusit	P Iv S	Wolman
- HV 1 B-Holzschutzsalz	P Iv S	Hauenschild
- Impralit B 1	P Iv S	Weyl
- Kubasal B	P Iv S	Hartmann

In der Regel geben die Firmen keine genauen Angaben über
die Inhaltsstoffe. Manche Mittel enthalten noch in geringen
Mengen Zusätze von besonders starken Giften. Es empfiehlt
sich dabei, immer besser das Produkt vorzuziehen, dessen
Zusammensetzung bekannt ist. Borprodukte werden z.B. von 7
Firmen angeboten. Die pauschale Antwort auf eine Anfrage
nach den wirksamen Inhaltstoffen war in 6 Fällen: anorganische Borverbindungen. Nur eine Firma nannte den Wirkstoff
ihres Produktes: Natriumpolyborat.

Natriumpolyborat ist keine chemische Substanz sondern bezeichnet ganz allgemein eine Verbindung zwischen Natrium und Bor,
ein Salz also, in dem mehrere Boratome vorkommen. Ein Natriumpolyborat z.B. ist Borax (318), ein altbekanntes Holzschutz-
salz. Zahlreiche Zeichen deuten daraufhin, daß es sich bei
den B-Salzen schlicht und ergreifend um Borax handelt.

314 Es gibt einige Salze, die auswaschbeständig und durch Streichen zu verarbeiten sind, und dabei nicht der Giftordnung
unterliegen. Es sind Salze aus der CBK-Gruppe (Kupfersalze,
Bichromate, Borverbindungen). Die unten aufgeführten Produkte gelten als unschädlich für Menschen und warmblütige
Tiere. Sie sind aber im Außenbereich nicht direkt zu verbau-
en, da sie erst nach einer Lagerzeit von 2 - 4 Wochen auswaschbeständig im Holz fixiert sind.
Solange müssen die Hölzer dichtgestapelt abgedeckt lagern.
Näheres aus den Anwendungsvorschriften der Hersteller:

- Adolit CKB	P Iv S W E	Remmers
- Adolit CKB braun	P Iv S W E	Remmers
- Corbal CKB-8503	P Iv S W E	Avenarius

Die folgenden zwei Produkte entsprechen den drei eben ge-
nannten in den Anwendungsmöglichkeiten, eine Unschädlichkeit
gegenüber Menschen und warmblütigen Tieren wird hier jedoch

nicht ausdrücklich zugesichert:

- Basilit CCB	P Iv S W E	Desowag-Bayer
- Kulbasal CKB	P Iv S W E	Hartmann

315 Nicht unerwähnt bleiben soll noch eine Gruppe von Salzen, die
im Holzschutzmittelverzeichnis unter 4.1.aufgeführt ist als
Bekämpfungsmittel gegen holzzerstörende Insekten (207) im
verbauten Holz, mit der Zulassung Ib (312).
Die Hauptbestandteile dieser Salze sind Hydrogenfluoride (Bi-
fluoride). Sie enthalten Zusätze zur Herabsetzung der Kor-
risonswirkung auf Stahl und Eisen. Nichteisenmetalle und Glas
können von ihnen angegriffen werden. Da die Präparate noch
längere Zeit nach der Anwendung Fluorwasserstoff abgeben,
wirken auch die Dämpfe korrosiv. Diese Mittel sind also alles andere als ungefährlich, bieten aber eine echte Alternative zu den lösungsmittelhaltigen, öligen Mitteln zur Bekämpfung von Schadinsekten im verbauten Holz.
Zur Zeit (1.4.82) sind folgende Mittel lieferbar:

- Adolit BFA	P Iv Ib S	Remmers
- Basilit TS	P Iv Ib S	Desowag-Bayer
- Bekarit- HB	P Iv Ib S	Troll
- BP Mykocid TS	P Iv Ib S	Syenska BP
- Impralit BF	P Iv Ib S	Weyl
- Improsol	P Iv Ib S	Improsan
- Osmol BFA	P Iv Ib S	Osmose
- Osmol WB 4	P Iv Ib S	Osmose

Zur Beachtung beim Kauf der Holzschutzmittel:

316 Fast alle Hersteller bieten Produkte in verschiedenen Wirk-
stoffgruppen an. In der Regel haben diese Produkte den selben Namen, z.B. Adolit, Basilit usw.. Die einzelnen Mittel
unterscheiden sich dann im Namen nur durch die Zusätze wie
B (Borsalz), CKB (Chrom-Kupfer-Bor-Salz) usw. Dieser Zusatz
ist also für die Art des Mittels, seine Giftigkeit und seine
Anwendungsmöglichkeit entscheidend.
Da viele der oben aufgeführten Produkte im Handel nur
schwer zu finden sind, muß für einen Liefernachweis ggf.
der Hersteller angeschrieben werden. Die Adressen sind im
Anhang zu finden.

Die öligen Holzschutzmittel

317 Die öligen Holzschutzmittel können alle der Witterung aus-

gesetzt werden und sind auswaschbeständig. Viele sind zu
Lasuren (413) aufbereitet, so daß sie Holzschutzmittel und
Oberflächenbehandlungsmittel zugleich sind.
Da sie alle Lösungsmittel enthalten (403), die ihrerseits
giftig sind, und darüber hinaus als Wirkstoffe organische
Fungizide und Insektizide enthalten (oft chlorierte Kohlenwasserstoffe), ist von ihrem Einsatz abzuraten. Im Innenbereich erfüllen geeignete Salze denselben Zweck (B - Salze
oder CBK - Salze, 313 und 314). Für den Außenbereich gibt es
ebenfalls sinnvolle Alternativen (701 - 713 und 801 - 809).

Alternative Holzschutzmittel

318 Es gibt auch Holzschutzmittel, die z.T. schon seit Jahrhunderten bekannt und in Gebrauch, aber nicht so bedenklich sind,
wie der Großteil der amtlichen Mittel. An erster Stelle wäre
Borax zu nennen.

Borax

Borax (Natriumtetraborat, $Na_2 B_4 O_7$ x 10 H_2O) ist ein altbekanntes Mittel, das nicht nur fungizid, sondern auch insektizid und flammhemmend wirkt. Es ist zwar auch giftig, wird
aber z.B. durch gesunde Haut nicht aufgenommen - allerdings
durch Schleimhäute und Wunden. Deshalb sollten zur Vorsicht
auf alle Fälle geeignete Handschuhe getragen werden. Die biologische Halbwertzeit (die Zeit, in der die Hälfte der aufgenommenen Menge wieder ausgeschieden wird) ist recht kurz
(10 Stunden). Es ist nicht ätzend und die tödliche Dosis der
Borsäure ist mit 15 g recht hoch. Borax ist nicht wasserfest!
Erhältlich ist Borax in der Apotheke oder im Chemikalienhandel (ca 10 DM/kg).
Man stellt eine 5 - 10%ige Lösung her, indem das Boraxsalz
in heißem Wasser aufgelöst wird. Diese Lösung sollte mindestens zweimal möglichst heiß aufgetragen werden. Bei sehr
trockenen Hölzern empfiehlt es sich , das Holz vor und nach
der Behandlung zu befeuchten, um ein besseres Eindringen der
Lösung zu erreichen.

Boraximprägnierung

319 Eine der biol. Fachfirmen bietet eine Boraximprägnierung an,
die durch Zusätze von Naturharzen auswaschbeständig gemacht
wurde. Die Imprägnierung ist weiterhin mit Wasser verdünnbar und lösungsmittelfrei.

Holzessig

320 Holzessig ist zum Bekämpfen von Befall durch Pilze und Insekten geeignet (bei Insektenbefall siehe Zwang zu amtlich zugelassenen Mitteln (311)).
Holzessig wird durch trockene Destillation von Holz (bes. Buche) gewonnen. Es enthält Essigsäure ($CH_3 - COOH$). 4 - 8% Essigsäure befindet sich auch in Speiseessig. Die tödliche Dosis ist mit 20-50 g konzentrierter Essigsäure sehr hoch. Die Essigsäure wirkt ätzend und durch Einatmen ist eine Entzündung der Schleimhäute möglich. Also Vorsicht, und in geschlossenen Räumen gut lüften! In rohem Holzessig sind auch noch andere Stoffe z.B. Azeton (Propanol, Dimethylketon) enthalten. Aufgrund dieser doch recht bedenklichen Nebenstoffe und aufgrund des relativ hohen Preises ist es wahrscheinlich besser, sich direkt im Chemikalienhandel Essigsäure (chemischer Name: Äthansäure) zu besorgen.

Holzessiggrundierung

321 Eine der biol. Fachfirmen bietet eine Holzessiggrundierung an, die nicht nur zum Bekämpfen, sondern auch zur vorbeugenden Behandlung geeignet ist.

Rindenimprägnierfarben

322 Der Baum schützt sich vor Schädlingsbefall durch spezielle Giftstoffe in der Rinde und in der Bastschicht.
Durch eine besondere Aufbereitung können diese Stoffe aus den Rinden einheimischer Bäume gewonnen und mit Zusätzen wie Borax (318) und Sodasalze (808) aufbereitet werden. Dadurch wird nicht nur eine unbedenkliche Imprägnierung erreicht, sondern das Holz bei der Behandlung auch gleichzeitig gebeizt. Die Farben harmonieren gut mit dem Holz, da sie ja aus Holz gewonnen wurden.
Die Rindenimprägnierfarben sind nicht wasserfest. Sie sind daher vorrangig zum Einsatz im Innenbereich gedacht. Bei mechanischer Beanspruchung (z.B. Fußboden) oder im Außenbereich (Verbretterungen) muß das Holz noch einen zusätzlichen Oberflächenschutz bekommen.
Bezugsquelle: siehe Adressenverzeichnis im Anhang

Holzschutz im Innenbereich

323 Im Innenbereich kommen Holzschutzmittel hauptsächlich für tragende Bauteile infrage, wie z.B. Balkendecken, die nicht sichtbar sind, oder Dachbalken, die sich nicht im Wohnbereich befinden. Der Holzschutz zielt hier ausschließlich darauf, das Holz vor der Zerstörung durch Insekten zu schützen (207).

Der heute allgemein noch übliche Schutz vor pflanzlichen Schädlingen (201) ist im Innenbereich und unter dem Dach in der Regel überflüssig, da die Holzfeuchte in Wohngebäuden immer unter 18% liegt und damit Pilze keine lebensmöglichkeit haben (112). In der neuesten Form der DIN 68800 (Holzschutz im Hochbau) ist deshalb ein vorbeugender chemischer Schutz vor pflanzlichen Schädlingen nicht mehr vorgesehen. Voraussetzung ist allerdings die richtige Konstruktion, die eine dauerhafte Durchfeuchtung des Holzes verhindert und die rechtzeitige Reparatur von Schadstellen im Dach oder Undichtigkeiten im Rohrsystem.

Auch im Innenbereich kann der chemische Holzschutz den baulichen nicht ersetzen (wohl aber umgekehrt)!

Bei Handwerkern herrscht oft die Meinung, es müsse zwangsläufig nach VOB (Verdingeordnung für das Bauwesen) gearbeitet werden. Die VOB ist jedoch nur zwingend bei öffentlichen Bauten und öffentlich geförderten Bauten! In allen anderen Fällen kann man eine Vereinbarung mit dem Bauherrn abschließen, wobei es wichtig ist, genau zu informieren und ausdrücklich zu vereinbaren, daß nicht nach VOB gearbeitet wird. Sonst könnten nachträglich Schadensersatzforderungen gestellt werden, z.B. wenn doch ein Befall eintreten sollte. Die VOB regelt übrigens auch die Gewährleistungszeiten und wenn nun chemisch (im Sinne des amtlichen Verzeichnisses) behandelte Hölzer dennoch von Schädlingen befallen werden sollten, ist der Handwerker aus dem Schneider, wenn er nachweist, "nach Vorschrift" gearbeitet zu haben. Wichtig ist allerdings, abzuklären, ob und für welche Bauteile die jeweilige Landesbauordnung zwingend die Behandlung mit einem amtlichen Mittel nach DIN 52 176 vorschreibt. Ist dies der Fall, kann man auf "alternative" Holzschutzmittel nur ausweichen, wenn man gegen die DIN verstößt (oder aber die zugelassenen B-Salze verwenden, die noch am wenigsten bedenklich sind).

Dachbalken

324 Wie schon oben erwähnt, droht hier eine Gefahr durch Pilze nicht! Ein Befall durch Schadinsekten ist ebenfalls wenig

wahrscheinlich, vor allem dann, wenn vorbeugende Maßnahmen getroffen wurden (210).

Wer dennoch unbedingt auf der sicheren Seite sein möchte, der muß das Holz mit insektiziden Giften behandeln. Dabei ist zu beachten, daß nach dem Einbau des Holzes noch Trockenrisse auftreten. Für einen wirksamen Schutz müssen diese Stellen unbedingt nachbehandelt werden, da die Insekten ihre Eier vorzugsweise in Risse legen. Werden gut getrocknete Hölzer verbaut, ist die Gefahr der Trockenrisse geringer. Ganz vermieden werden können solche Risse wahrscheinlich nicht, da im Sommer unter dem Dach sehr hohe Temperaturen auftreten, wodurch das Holz weiter trocknet. Durch Verwendung von Viertelhölzern (210) läßt sich der Rißbildung vorbeugen.

Zu beachten ist auch, daß verschiedene Stellen der Balken nach dem Einbau nicht mehr erreicht werden können und hier eine Nachbehandlung kaum noch möglich ist.

Mit zunehmenden Alter nimmt die Wirksamkeit der Holzschutzmittel ab. Allerdings gehen die Insekten auch weniger gern an altes Holz. Damit wird das Nachlassen der Wirksamkeit des Schutzes wahrscheinlich wieder neutralisiert.

Zwischenbalken: Balkendecken

325 Eine Gefahr durch Pilze ist auch hier nicht gegeben, wenn einige Regeln beachtet werden, denn die kritischen Stellen sind die Balkenköpfe, die bei nicht sachgemäßem Einbau durchfeuchten können. Sie müssen durch Teerpappe oder Folie gegen die Mauerfeuchte isoliert, und außerdem von Luft umspült sein. Bei schlechter Wärmedämmung der Wand und einschaliger Bauweise sollte außerdem für eine zusätzliche Wärmedämmung der Balkenköpfe gesorgt werden. Wer auch hier auf der sicheren Seite sein möchte, der imprägniert die Balkenköpfe nach DIN bis 20 cm außerhalb der Wand.

326 In Feuchträumen und Küchen muß für den Fußboden eine Konstruktion gewählt werden, die verhindert, daß Wasser in die Holzkonstruktion eindringt. Eventuell doch eingedrungenes Wasser muß schnell wieder austrocknen können.

Unter Bädern bietet sich die Verwendung von mineralisch gebundenen Spanplatten (133) an. Nicht unterkellerte Räume mit Kriechkeller sollten gut unterlüftet werden, am besten in Ost-West-Richtung. Holzbalkendecken über Kellergeschossen sind besonders gefährdet. Hier ist ein vorbeugender Schutz oft angebracht. Bei den anderen Balkendecken haben Schadinsekten ansonsten wenig Chance. Verkleidete Balken erreichen sie zum einen nicht, zum anderen ist die Holzfeuchte bei Decken zwischen geheizten Räumen für Schädlinge zu gering,

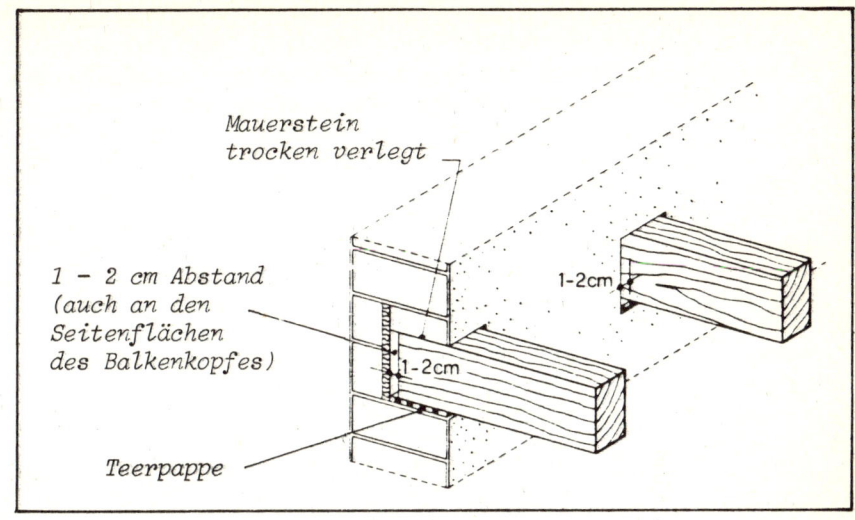

Mauerstein trocken verlegt

1 – 2 cm Abstand (auch an den Seitenflächen des Balkenkopfes)

1-2cm

1-2cm

Teerpappe

Abb.8 Konstruktionsdetail Balkenauflager

vorausgesetzt, daß die Schüttung zwischen den Holzbalken trocken ist und aus einem Material besteht, das Schädlingen keine Lebensmöglichkeit bietet.
Sollen Balkendecken behandelt werden, dann bieten sich die oben erwähnten Mittel an, sichtbar verbaute Hölzer lassen sich mit einem Oberflächenschutz imprägnieren (518). Wichtig ist dabei, eine geschlossene Oberfläche zu erzielen, die zwar atmungsaktiv ist und einen Feuchteaustausch zuläßt, aber den Insekten keine Möglichkeit zur Eiablage bietet.

Wandverkleidungen, Deckenvertäfelungen

327 Um hier Pilzbefall zu verhindern, ist es wichtig, für die notwendige, geringe Holzfeuchtigkeit zu sorgen. Grenzt eine Wandvertäfelung an eine Außenwand, oder wird sie an Wände
328 angebaut, die feucht sind, so muß sie unbedingt hinterlüftet werden, d.h. oben und unten müssen Öffnungen angebracht werden, die einen ungehinderten Luftaustausch ermöglichen. Der Luftzwischenraum zwischen Wand und Vertäfelung sollte mindestens 25 mm betragen, pro m^2 Vertäfelung sollte im Querschnitt eine Luftöffnung von 20 cm^2 vorgesehen werden. Die Unterkonstruktion ist so anzulegen, daß sich keine Stauecken bilden können, in denen die Luft steht (Konstruktionsmöglichkeiten siehe 704).
Wird die Unterkonstruktion einer Vertäfelung an eine Außenwand geschraubt, so ist es angebracht, eine Sperrschicht

(Teerpappe, Folie) dazwischen anzubringen. Da Wandvertäfelungen sich gewöhnlich in Wohnräumen befinden, ist die Gefahr eines Befalles durch tierische Schädlinge gering, und es ist auch im Anbetracht des geringen Wertes einer Vertäfelung sicherlich nicht sinnvoll, die Rückwand des Holzes mit Giften zu behandeln.

Anders verhält es sich in Feuchträumen. Hier kann es wegen des hohen Anfalls von Wasserdampf schon eher erforderlich sein, die Vertäfelung und deren Unterkonstruktion zu behandeln (z.B. mit Borax, siehe 318). In Feuchträumen ist eine gute Oberflächenbehandlung wichtig, damit die sehr hohen Luftfeuchtigkeitsspitzen nicht direkt vom Holz aufgenommen werden. Zudem sollte Schwitz- und Spritzwasser abperlen können. In der Nähe der Dusche wird deshalb eine Wandverkleidung aus Holz wie eine Außenverkleidung konstruiert, die Schlagregen ausgesetzt ist (704).

Feuer- und Holzschutz im Innenbereich

329 Wasserglas, das in Apotheken und im Chemikalienhandel zu kaufen ist, ist ein altbekanntes Mittel, das die Entflammbarkeit des Holzes herabsetzt, und zudem vor Insekten schützt, da durch seine geschlossene, harte Oberfläche eine Eiablage verhindert wird. Außerdem ist Wasserglas stark alkalisch und beugt daher gegen Pilzbefall vor, da Pilze ein saures Milieu lieben. Sollen Dachbalken mit Wasserglas behandelt werden, dann kann es auch mit einer 10%igen Boraxlösung im Verhältnis 1:1 (318) gemischt werden statt mit abgekochtem Wasser bzw. mit Regenwasser. Dadurch erhält es noch verstärkte insektizide und fungizide Eigenschaften.

Auch zur Behandlung von organischen Dämmstoffen, wie Stroh oder Kokosfaser ist Wasserglas geeignet. Hier wird es am besten mit Wasser im Verhältnis 1 : 2 (1 Teil Wasserglas, 2 Teile Wasser) gemischt. Zur Verstärkung der insektiziden Wirkung kann man hier ebenfalls das Wasser mit 10% Borax versetzen.

Achtung! Wasserglasanstriche halten nicht auf gehobeltem Holz!

Oberflächenbehandlung des Holzes

401 Im Gegensatz zum Holzschutz, der zur Abwehr von Pilzen und tierischen Schädlingen dient, soll mit der Oberflächenbehandlung ein Schutz des Holzes vor äußeren Einflüssen erzielt werden. Zu nennen wäre:
* Schutz vor Feuchtigkeit und Witterungseinflüssen
  - wird hauptsächlich im Außenbereich angestrebt, da das ungehinderte Einwirken von direkter Bewitterung die Grundlage für einen Schädlingsbefall schafft. Ziel ist es, das Holz in seiner Festigkeit und seiner Funktion zu erhalten. Im Innenbereich trifft dies eigentlich nur auf Naßräume zu.
* Schutz vor Verschmutzung und Abnützung
  - ist der Hauptgesichtspunkt bei der Wahl der Oberflächenbehandlung im Innenbereich (Fußböden, Möbel usw.). Ein Pilz- oder Insektenbefall droht dem Holz hier in der Regel nicht.
* Dekorative und verschönernde Wirkung
  - wird immer angestrebt. Im Innenbereich hat dieser Gesichtspunkt üblicherweise noch mehr Gewicht als im Außenbereich.
Bei der Oberflächenbehandlung wird eine mehr oder minder stark filmbildende und oft farbige Schicht (abhängig von dem verwendeten Mittel) auf das Holz aufgetragen. Grundsätzlich unterscheiden kann man bei den Oberflächenmittel zwischen
* Lasuren, Filmbildung: leicht bis mittel
* Ölfarben, Filmbildung: mittel bis stark
* Lacke, Filmbildung: stark
* Wachse, werden eingerieben, keine bis hauchdünne Filmbildung.
* trocknende Öle: Filmbildung leicht

Oberflächenbehandlung mit synthetischen Mitteln

402 Die Behandlung des Holzes mit chemischen Lacken (Farben) und Lasuren ist heute allgemein üblich, was nicht unproblematisch ist. Durch die massive Verwendung dieser Mittel wird nicht nur die Umwelt belastet, sondern sie haben auch für den Verarbeiter und für den Bewohner erhebliche Nachteile.
Beliebt sind chemische Mittel, weil sie eine Reihe guter Eigenschaften haben:
* Sie sind in der Regel leicht zu verarbeiten, bei großflächiger Anwendung spritzbar und in der industrieellen Anwendung mit Spezialmaschinen zu gießen.
* Zum Teil haben sie extrem kurze Trocknungszeiten , ein

Nitrozelluloseschnellschliffgrund z.B. ist schon nach
10 Minuten schleifbar.
* Für die verschiedenen Einsatzgebiete lassen sich die viel-
  fältigsten, jeweils am besten geeigneten Kombinationen
  herstellen.
* Viele der synthetischen Mittel sind sehr witterungsfest
  und beständig gegen Lösungsmittel, Alkohole und viele
  Chemikalien.
* Die Reaktionslacke haben hervorragende mechanische Eigenschaften, was Kratzfestigkeit, Druckfestigkeit und Abrieb-
  beständigkeit angeht.
* Durch die oft gute Haltbarkeit ist eine Nachbehandlung
  zumeist erst nach vielen Jahren erforderlich.

403 Ein gravierender Nachteil fast aller von Hand- und Heimwerkern verwendeten Lacke ist der hohe Anteil künstlicher Lösungsmittel. Diese sind alle giftig und beim Spritzen feuer-
gefährlich. Ihre Bestandteile sind u.a. Benzol, Toluol,
Xylol, Ester, Äther, Ketone, Azeton und aromatische Kohlenwasserstoffe. Durch das Verdampfen der Lösungsmittel werden nicht nur die Verarbeiter gesundheitlichen Gefahren und
Schäden ausgesetzt (hauptsächlich greifen die Lösungsmittel
die Leber und das zentrale Nervensystem an), sondern die
Stoffe gelangen in sehr großen Mengen in die Umwelt. Nitrozelluloselacke enthalten z.B. ca 75% Lösungsmittel und nur
25% reine Lackkörper.
*Der Verbrauch an Lacken, Lösungsmittel und Anstrichen be-
trägt in der BRD ca 1,2 Millionen Tonnen im Jahr (also ca
12 Milliarden Liter). Der Anteil der Lösungsmittel liegt bei
etwa 0,4 Millionen Tonnen, also 4 Milliarden Liter. 20% der
Kohlenwasserstoffe in der Luft stammen aus Lösungsmittel.
Sie sind nach den Kraftfahrzeugen der größte Verursacher
für Luftverschmutzung mit Kohlenwasserstoffen.*
Die chemisch aushärtenden Lacke enthalten zusätzlich zu den
Lösungsmitteln noch ebenfalls giftige Härter.
404 Synthetische Lacke gibt es in allen denkbaren Farben, wobei
viele der verwendeten Farbpigmente giftige Inhaltsstoffe enthalten, insbesondere Schwermetalle wie z.B. Chrom, Cadmium,
Kobalt usw.

Ein Problem, vor allem bei der großflächigen Verwendung von
405 Lacken im Innenbereich, ist die elektrostatische Aufladung.
Physikalisch sind die chemischen Lacke Nichtleiter (Isola-
toren). Durch Berührung und Reibung mit anderen festen Stoffen laden sich die lackierten Oberflächen elektrostatisch
auf. Durch die extrem geringe elektrische Leitfähigkeit der
synthetischen Lacke wird diese Aufladung nicht weiter gelei-
tet (auf lackierten Flächen sammelt sich deshalb immer viel

Staub an). Bei Teppichböden aus Kunstfaser können sich die Bewohner z.B. so stark aufladen, daß sie beim Berühren eines geerdeten Leiters (Heizkörper, u.ä.) einen spürbaren Stromschlag bekommen, teilweise mit sichtbarem Funkenüberschlag.

Aus Kreisen der Baubiologen gibt es durchaus ernstzunehmende Warnungen vor den möglichen, schädlichen Auswirkungen eines durch elektrostatische Aufladung veränderten, künstlichen Raumklimas.

406 Viele der synthetischen Lacke sind so dampfdicht, daß dadurch der Feuchtigkeitsausgleich zwischen dem Holz und der Luft unterbunden wird. Rohes Holz kann durch Wasserdampfaufnahme bzw. -abgabe die Feuchtigkeitsschwankungen eines Raumes positiv beeinflussen. Kann der Feuchteausgleich nicht stattfinden, entfällt diese Klimaregulierung. Desweiteren kann in das Holz eingedrungene Feuchtigkeit (z.B. in Bädern) nur schwer entweichen und es besteht die Gefahr des Pilzbefalls durch eine anhaltend hohe Holzfeuchte (202).

407 Eine fachgerechte Nachbehandlung oder Ausbesserung des mit Lacken behandelten Holzes ist oft aufwendig. In der Regel muß der alte Anstrich völlig entfernt und die Fläche neu lackiert werden. Wird einfach überlackiert, besteht die Gefahr, daß die Lackschicht zu dick wird und abplatzt. Gerade bei stark beanspruchten Flächen wie Fußböden, aber auch bei Fenstern,die der Witterung ausgesetzt sind, kommt es leicht zum Abplatzen einer zu dicken Lackschicht.

Die wichtigsten synthetischen Lacke

408 **1. Nitrozelluloselack**
Klarlack zum Spritzen und Streichen, für den Innenbereich und besonders für Möbel geeignet. Bei Farbwünschen muß das Holz vorher gebeizt werden.
Nitrozelluloselack ist leicht zu verarbeiten und trocknet schnell. Nitrozellulose ist der Salpetersäureester der Zellulose. Zur Lackherstellung werden der Zellulose noch verschiedene Stoffe beigegeben, so z.B. Weichmacher, die ein Verspröden des Lackfilmes verhindern sollen. Viele der Weichmacher dunsten noch über längere Zeit hinweg ab, vor allem, wenn der Lack höheren Temperaturen ausgesetzt wird. Sogenannte Mattlacke bekommen noch Festkörper zugesetzt, damit das Licht auf der Oberfläche zerstreut wird und kein Glanzeffekt auftritt. Um gute Schliffeigenschaften zu erzeugen, sind den Grundierungen noch Schleifmittel zugesetzt. Um helles Holz vor Vergilbung zu schützen, gibt es spezielle Lichtschutzlacke mit entsprechenden Zusätzen. Zum Aufhellen von Hölzern werden

Aufhellgrundierungen mit phosphoreszierenden Zusätzen angeboten. Wie schon erwähnt, liegt der Anteil der Lösungsmittel in den Lacken bei etwa 75%. Nitrozelluloselacke trocknen physikalisch, d.h. ausschließlich durch Verdunsten des Lösungsmittels.

409 **2. Kunstharz- und Alkydharzlack**

Klar- oder Farblack zum Spritzen und Streichen als farbdeckende Lackierung für den Innen- und Außenbereich (Fenster, Türen usw.)

Alkydharze sind Kunstharze. Es gibt eine sehr große Vielfalt von Lacken auf Alkydharzbasis, die sich in den verwendeten Harzen und dem Zusatz von Öl- und Fettsäureanteilen unterscheiden. Sie sind in klarer und pigmentierter Form erhältlich. Durch den Zusatz von Trockenstoffen wird ein sehr schnelles Trocknen der Lacke erreicht. Auch den Nitrozelluloselacken werden vielfach Alkydharze zugesetzt, um eine strapazierfähigere Oberfläche zu erreichen. Diese Lacke trocknen durch Verdunsten des Lösungsmittels (physikalisch) und trocknende Harze und Öle (chemisch).

410 **3. Dispersionslack**

Zumeist mit Acryl als Lackkörper. Klar oder farbig. Für den Innen- und Außenbereich zum Streichen und Spritzen.

Der Lackkörper ist nicht in Lösungsmitteln gelöst, sondern er wird in Wasser eingerührt, so daß ein inniges Gemenge entsteht, eine Dispersion also. Nach längerer Lagerung entmischen sich Wasser und Lackkörper wieder, deshalb muß die Dispersionslackfarbe immer besonders gut aufgerührt werden.

411 **4. Reaktionslack**

Klar- oder Farblack zum Spritzen und Streichen, in der Regel für stark strapazierte Oberflächen (Tische, Fußböden usw.) im Innenbereich. Als Klarlacke im Außenbereich haben sie sich nicht bewährt.

Die Reaktionslacke trocknen durch eine chemische Veränderung, indem zwei Komponenten zusammengemischt werden, die sich dann zu einem neuen Stoff verbinden. Durch die dabei auftretende Vernetzung werden wesentlich härtere und strapazierfähigere Oberflächen erzielt als mit den Nitrozellulose-Lacken. Sehr verbreitet sind die Polyurethanlacke, nach ihren Bestandteilen Desmophen und Desmodur auch DD-Lacke genannt. Der Stammlack, dem auch Pigmente zugesetzt werden können, ist Desmophen, der Zusatzlack Desmodur, das das giftige Isocyanat enthält. Die beiden Komponenten werden kurz vor der Verarbei-

tung gemischt. Durch Polyaddition bildet sich dann ein großer
Molekülverband und es entsteht ein kunststoffähnlicher Film.
Polyurethanlacke werden da eingesetzt, wo es auf Chemikalien-
und große Abriebfestigkeit ankommt. Auch dieser Lack enthält
einen erheblichen Anteil an Lösungsmittel, allerdings weniger
als Nitrozelluloselack.

412 **5. Speziallacke** (Säurehärtende Lacke, Polyesterlacke,
     Eintopfreaktionslacke
     Klar- und Farblacke, für spezielle Anwendungen in Industrie
     und Handwerk. In diesem Zusammenhang nicht weiter interes-
     sant.

Lasuren

413 Lasuren wurden ursprünglich aus Holzschutzmitteln entwickelt,
die Zusätze in Form von Bindemitteln, Kunstharze und Pigmenten bekamen und dann nicht nur das Holz imprägnierten, sondern auch die Oberfläche mit einem wasserabweisenden Film
überzogen. Im Innenbereich werden Lasuren hauptsächlich zum
Behandeln von Vertäfelungen verwendet, im Außenbereich werden damit Verbretterungen, tragende Bauteile und auch teilweise Fenster gestrichen.
In den 70ger Jahren gab es einige Vergiftungs- und Todesfälle
nach Verwendung von PCP-haltigen Lasuren (306) im Innenbereich.
Daraufhin wurde der Gebrauch des chlorierten Kohlenwasserstof-
fes PCP in bewohnten Räumen untersagt. Das besagt natürlich
nicht zwangsläufig, daß die heute verwendeten Zusatzstoffe in
den Lasuren nun völlig harmlos sind...
Neben den Lasuren, die in Lösungsmitteln gelöst sind, gibt es
auch solche auf Wasserbasis. Die Arbeitsgeräte sind dann einfach mit Wasser zu reinigen.
Leider sind auch die Lasuren auf Wasserbasis bisher alle mit
fungiziden Zusätzen versehen, obwohl diese Zusätze - zumindest im Innenbereich - völlig überflüssig sind. Bei einem
Produkt wird sogar mit dem Zusatz "Nicht toxische Fungizide"
geworben, was höchstens besagt, daß die Giftigkeit der verwendeten Mittel ein bestimmtes Maß nicht überschreitet, denn
giftig sind Fungizide in jedem Fall. Leider werden Art und
Menge der verwendeten Gifte in der Regel weder auf der Dose
angegeben, noch geben die Hersteller Auskünfte.
Recht häufig wird allerdings in der letzten Zeit damit geworben, daß Mittel frei von PCP (306) und Lindan sind. Daß
überhaupt Gifte in einer Lasur sind, läßt sich oft nicht auf
den ersten Blick feststellen. Wenn allerdings versprochen
wird, daß das Mittel einen zuverlässigen Schutz vor Bläue und

holzzerstörenden Pilzen bietet, ist klar, daß fungizide Mittel zugesetzt sind.

Man sollte sich auch nicht durch Zusätze im Namen wie "Natur" o.ä. und ein Umweltzeichen vom Umweltbundesamt zu sehr blenden lassen. Die angepriesene Umweltfreundlichkeit ist im Verhältnis zur Giftigkeit der üblichen Mittel zu sehen.

Lasuren werden mit verschieden hohem Anteil an Bindemittel und Harzen hergestellt. Mit wachsendem Anteil an Bindemittel und Harzen steigt auch die Dicke des Oberflächenfilms, der auf das Holz aufgetragen wird.

Man unterscheidet:
414 * Imprägnierlasuren, sie sind eigentlich nur ein Holzschutzmittel und nicht oder minimal filmbildend,
* Dünnschichtlasuren, als Wetterschutz für den Außenbereich, sind sie dünn filmbildend
* Dickschichtlasuren, wegen ihrer oft lackähnlichen Eigenschaften auch manchmal Lacklasuren genannt, sind kräftig filmbildend.

Der Übergang von Dünn- zu Dickschichtlasuren und Lacken kann je nach Zusammensetzung des Anstrichmittels fließend sein.
Im Unterschied zu Farblacken decken farbige Lasuren die Holzstruktur und -maserung nicht zu, sondern tönen nur ab. Lasuren können einfach überstrichen werden und blättern nicht ab.

Die natürlichen Oberflächenmittel

415 Es ist schwer, eine Trennungslinie zwischen synthetischen und natürlichen Oberflächenmittel zu ziehen, da auch alle natürlichen Mittel in irgendeiner Form aufbereitet sind. Die natürlichen Mittel werden oft als völlig ungefährlich (da biologisch) dargestellt. Die Definition natürlich = harmlos ist falsch. Asphalt, der an der Erdoberfläche gewonnen wird, ist z.B. nicht ungefährlicher als der Asphalt, der aus Erdöl aufbereitet wird.

Würde man als Maßstab der Ungiftigkeit das Kriterium der Eßbarkeit nehmen, so bliebe nur reines Bienenwachs und reines kaltgepreßtes Leinöl übrig. Aber selbst diese Mittel werden zu Bienenwachsbalsam und Leinölfirnis aufbereitet. Und schon wäre es nicht mehr ratsam, davon zu essen, denn in Bienenwachsbalsam befindet sich das nicht harmlose Balsamterpentinöl und auch Leinölfirnis ist mit Trockenstoffen (428) versetzt. Das Kriterium der Eßbarkeit ist natürlich Unfug, es soll auch nur zeigen, wie leichtsinnig es ist, alle natürlichen Mittel als ungefährlich darzustellen. Die aromatischen Kohlenwasserstoffe, über deren Giftigkeit zur Zeit

viel geredet wird, haben ihren Namen ja von aromatisch rie-
chenden Naturharzen und Ölen, in denen sie zuerst gefunden
wurden.
Die Konsequenz kann nur sein, jedes Oberflächenmittel so
sparsam wie möglich einzusetzen und seine Giftigkeit gegen
seinen Nutzen für den Verbraucher vernünftig abzuwägen.
416 Es gibt kaum ein natürliches Oberflächenmittel, das nicht als
Lösungsmittel Balsamterpentinöl enthält. Natur- oder Balsam-
Terpentinöl wird aus Kiefernharz destilliert. Daß die Verwendung von Balsamterpentinöl in den vergangenen Jahrzehnten zu-
rückging, lag nicht nur an dem recht hohen Preis, sondern auch
daran, daß viele Terpentinsorten Hautekzeme verursachten.
Nun ist wichtig zu wissen, daß Balsamterpentinöl kein reiner
chemischer Stoff ist, sondern in der Zusammensetzung von der
Kiefernart, dem Standort, dem Klima, dem Baumalter und dem
Gewinnungsverfahren abhängt. Selbst bei gleicher Kiefernart
am selben Standort, wechselt die chemische Zusammensetzung von
Baum zu Baum. Es kann im Extremfall vorkommen, daß sich bei
zwei Sorten Balsamterpentinöl keinerlei identische chemische
Zusammensetzung finden.
Für die Hautekzeme ist das Δ^3-Caren verantwortlich. Manche
Sorten von Balsamterpentinöle enthalten viel davon, andere
wiederum gar nichts. Einige der Öle enthalten Toluol, das
die Schleimhäute stark reizt. Die Balsamterpentinöldämpfe werden durch die Lungen aufgenommen, bei starker Konzentration in
der Raumluft können Vergiftungserscheinungen in Form von
Kopfschmerzen, Benommenheit, Atemstörungen usw. auftreten,
wobei die Atemwege bis zur Lungenentzündung gereizt werden
können.
Es ist also ratsam, auch Balsamterpentinöl so sparsam wie
möglich zu verwenden. Bei den Produkten der biol. Fachfirmen
kann man in der Regel davon ausgehen, daß Terpentinsorten verwandt werden, die kein Δ^3-Caren enthalten. Auch wenn es gut
riecht, sollte man in Räumen, in denen mit terpentinhaltigen
Produkten gearbeitet wird gut lüften. Die Mittel sollten auch
wie alle Chemikalien und Lacke für Kinder unzugänglich aufbewahrt werden, denn das Trinken von Terpentin kann tödlich sein.

Im Unterschied zu den sogenannten Terpentinersatzstoffen,
die aus Leichtbenzin hergestellt werden und die reine Lösungsmittel sind, bleibt von Balsamterpentinöl ein Rückstand im
Lack oder im Wachs zurück. Balsamterpentinöl beschleunigt z.B.
die Trocknung von Leinöl und anderen Ölen, indem es den Oxi-
dationsprozeß unterstützt.

Naturharzlasuren

417 Ebenso wie synthetische Lasuren gibt es auch solche aus natürlichen Rohstoffen. Diese werden aus trocknenden Ölen, Lösungsmitteln (Balsamterpentinöl) und Naturharzen hergestellt.
Sie sind von den biol. Fachfirmen als abgetönte oder klare
Lasuren zu beziehen, können aber auch vom Verbraucher mit Erd-
oder Mineralfarben selbst abgetönt werden, um den Lichtschutz
für das Holz zu verbessern. Je nach Zusammensetzung sind sie
auch für den Außenbereich geeignet.

Naturharzlacke

418 Der Aufbau der Naturharzlacke ist dem der Lasuren ähnlich.
Durch einen höheren Harzanteil und durch die Verwendung härte-
rer Harze bilden diese einen dickeren und härteren Film.
Ihr größter Nachteil im Vergleich mit den synthetischen Produkten liegt in ihrer oft etwas geringeren Haltbarkeit, ihren
längeren Trocknungszeiten und dem höheren Preis.
Bei den Naturharzlacken ist die Farbauswahl nicht ganz so groß
wie bei den synthetischen, außerdem sind die Farben weniger
leuchtend. Jedoch sind dafür die verwendeten Farbstoffe unbedenklich.
In Bezug auf das Abplatzen des Lackes und ihrer dampfsper-
renden Wirkung liegen die Probleme ähnlich wie bei den synthetischen Produkten. Auch bei den Naturharzlacken gibt es
Produkte für den Innen- und Außenbereich.

Oberflächenbehandlung mit Wachs

419 Bienenwachs ist zur Oberflächenbehandlung im Innenbereich
geeignet (Möbel, Fußböden, Vertäfelungen) und dient hauptsächlich zur verschönerung des Holzes (matter Glanz) und
zur leichteren Pflege der Oberflächen.
Bienenwachs riecht gut und das Holz erhält eine leicht gelbliche Tönung. Es ist sehr sparsam im Verbrauch und daher
preiswert.
Schon im Altertum wurde Bienenwachs zur Holzbehandlung verwendet. Durch das Wachsen wird das Holz nicht in seiner Atmung beeinträchtigt. Da Bienenwachs elektrisch leitfähig ist,
laden sich gewachste Oberflächen nicht elektrostatisch auf
(405). Durch das Wachsen werden Risse und Poren im Holz zuge-
kittet und eine Eiablage von holzzerstörenden Insekten damit verhindert (210). Durch den extrem geringen Verbrauch
beim Wachsen ist Bienenwachs als Oberflächenbehandlungsmittel preisgünstiger als z.B. Nitrozellulose-Lacke.

Reines Bienenwachs kann nur bei einer Erwärmung auf ca 80°C
verarbeitet werden, wenn das Holz ebenfalls erwärmt ist.Des-
halb werden Bienenwachsbalsame hergestellt, Mixturen aus
Bienenwachs und Balsamterpentinöl, oft noch mit Zusätzen aus
Kräuterextrakten. Rezepturen für solche Kräuterextrakte liegen z.Z. nicht vor. Verdünnt werden kann das Wachs mit Leinöl (420), Leinölfirnis, Holzöl und Holzöl-Standöl. Neben
Bienenwachs gibt es noch Pflanzenwachse, die z.T. härter
sind. Zu nennen wäre vor allem das Karnaubawachs, das här-
teste Pflanzenwachs. Es kommt aus Brasilien und wird aus den
Blättern der Karnaubawachsstaude gewonnen.
Je nach Anwendungsbereich werden im Handel harte, mittelharte
und weiche Wachspräparate angeboten. Das weiche Wachs (für
Möbel u.ä.) läßt sich ohne Erwärmen verarbeiten, das harte
(für Fußböden) nur in warmem Zustand. Bei mittelharten hängt
die Art der Verarbeitung von der Temperatur des Wachses und
des Holzes ab. Die Trocknungszeit für gewachste Oberflächen
beträgt normalerweise ca 1 - 2 Tage. Bei ungünstigen Bedingungen (tiefe Temperatur, hohe Luftfeuchtigkeit) kann es allerdings mehrere Tage dauern bis das Wachs durchgetrocknet
ist.
Der Nachteil der Wachse liegt in der geringen Dauerhaftigkeit
und Beständigkeit gegen Wasser. Es ist daher stets angebracht,
das Holz vor dem Wachsen mit Grundieröl oder Firnis zu imprägnieren, um zu verhindern, daß Wasser unter die Wachsschicht in das Holz eindringt und es quellen läßt.
Die Nachbehandlung durch erneutes Einwachsen der Fläche ist
jedoch sehr einfach. Verschmutzungen lassen sich mit Seife,
Sodalauge oder Balsamterpentinöl beseitigen. Auch das Abziehen z.B. beim Fußboden mit Stahlwolle ist möglich, wobei es
nicht nötig ist, immer die gesamte Fläche neu zu behandeln.
Die Wachse lassen sich mit Erd- oder Mineralfarben (610) abtönen. Auf dem Markt sind Produkte in verschiedenen Härte-
graden erhältlich.

Rezept zur Selbstherstellung von Bienenwachsbalsam:

Ein geeignetes Metallgefäß wird zur Hälfte mit reinem Bienenwachs gefüllt und das Wachs im Wasserbad zum Schmelzen
gebracht. Dann nimmt man die gleiche Menge Balsamterpentinöl und verrührt sie mit dem geschmolzenen Wachs, das man
aus dem Wasserbad genommen hat, zu einem Brei und läßt es
erhärten. Zu Flocken gehobeltes Wachs löst sich auch ohne
Erwärmung in Balsamterpentinöl auf (das ist wegen der Brand-
gefahr bei Terpentin günstiger).

Man bekommt das Bienenwachs rein und ausgelassen bei Imkern,

kann aber auch ungereinigtes kaufen und verarbeitet es dann
selbst folgendermaßen: die Waben werden in Wasser auf ca 70-
80°C erhitzt. Dabei schmilzt das Wachs, schwimmt nach oben
und läßt sich leicht abschöpfen.Zum Reinigen wird das Wachs
im Wasserbad wieder erwärmt und ein- oder zweimal durch ein
sauberes Leinentuch gefiltert.

Das Ölen des Holzes

420 Neben dem Wachsen ist das Ölen des Holzes mit Leinölfirnis
ebenfalls eine sehr alte Behandlungsmethode.
Leinöl wird durch Pressen der Leinsaat, dem Leinsamen, gewonnen. Es zählt zu den trocknenden Ölen. Durch Aufnahme von
Sauerstoff aus der Luft verändert sich das Leinöl, seine Mo-
leküle vernetzen sich, wodurch es langsam trocknet. Um die
Trocknung zu beschleunigen wird deshalb gewöhnlich kein
Leinöl sondern Leinölfirnis verarbeitet, dem Trocknungsstof-
421 fe (Sikkative) zugesetzt sind. Sikkative sind Verbindungen
von Schwermetallen mit Leinöl- oder Harzsäuren. Als Metalle
finden Kobalt, Mangan und Zink Verwendung. Da die verschiedenen Metalle unterschiedliche Wirkung auf die Trocknung und
auf die Qualität des Anstriches haben, werden zumeist Mischungen der verschiedenen Sikkative verwendet.
Die Anwendung von Bleisikkativen ist nicht unbedenklich, da
Blei giftig ist und es keine wirklich unbedenkliche Toleranz-
grenze für die Aufnahme von Blei durch den menschlichen Körper gibt. Daher wird auch von den konventionellen Firnis-
Herstellern heute auf Bleisikkative weitgehend verzichtet.
Kobalt, Mangan oder Zink sind als Zusätze nicht so problematisch, weil die recht geringen Mengen, die in den Körper gelangen können, aus toxikologischer Sicht unbedenklich zu
sein scheinen. Dennoch ist es ratsam, bei der Auswahl eines
Leinölfirnisses ein Produkt mit einem möglichst geringen Anteil an Sikkativen zu wählen. Außerdem sollte man zur Vorsicht bei der Arbeit weder rauchen, essen noch trinken und
sich danach gut die Hände waschen.
Leinölfirnis eignet sich sowohl für den Innen- wie auch den
Außenbereich. Entweder trägt man nur soviel auf, wie das
Holz aufnimmt und entfernt den Überstand mit einem Lappen,
oder man läßt einen hauchdünnen Film auf dem Holz stehen.
Im Gegensatz zur polierten, gewachsten Holzoberfläche, durch
die die Form des Holzes durch den matten Glanz des Wachses
betont wird, betont Leinölfirnis die Maserung: es dringt in
das Holz ein, wodurch eine Wärme- und Tiefenwirkung entsteht.

422 Leinölfirnis ist mit unterschiedlicher Zähigkeit, d.h. Fließ-
trägheit zu kaufen. Wo ein stabilerer Film und dadurch größe-

re Wetterfestigkeit beim Ölen erreicht werden soll, ist es
sinnvoll, ein möglichst hochviskoses (zähes) Leinöl zu nehmen. Dort, wo es stärker um das Einlassen in das Holz geht,
ist ein niedrigviskoses (dünnflüssiges) Leinölfirnis günstiger.
Leinöl wird nicht nur zu Firnis verarbeitet, sondern auch als
Bindemittel zur Herstellung aller natürlicher Lacke und Öle
verwendet.

Halböl, Standöl, Holzöl

Folgende Produkte werden aus Leinöl hergestellt:

423 * Halböl - ist eine Mischung aus Leinölfirnis und Balsamterpentinöl (416) zu gleichen Teilen. Es wird z.B. zum Grun-
dieren von Anstrichen auf Leinölbasis genommen. Im Handel
sind diverse Grundieröle und Firnisse der biol. Fachfirmen aus Halbölen erhältlich, die mit Kräuterzusätzen oder
ätherischen Ölen versetzt sind.

424 * Standöl - Leinöl, das unter Luftabschluß gekocht wird,
wird durch eine Hitzepolymerisation zu Standöl. Es wird
als Zusatz bei Ölfarben verwendet, um eine bessere und
elastischere Oberfläche zu erzielen.

425 * Holzöl - Leinöl. Holzöl wird aus den Nüssen des in China
und Japan beheimateten Tungbaumes gewonnen. Es trocknet
sehr schnell, klebt nicht und eignet sich deshalb mit Leinöl vermischt, vorzüglich zur Herstellung von Fußbodenlacken
und Hartölen.

Die Ölfarben

426 Eine Ölfarbe besteht aus Leinölfirnis und einem Farbkörper
(Pigment). Um eine haltbarere Oberfläche zu erhalten, kann
auch Standöl zugesetzt werden.
Bei der Verwendung als Vorstrichfarbe wird der fertigen Farbe noch Balsamterpentinöl zugesetzt, um den Anstrich zu ma-
gern.
Ölfarbenanstriche sind für außen und innen geeignet. Sie
sind filmbildend, abe sehr elastisch und dampfdiffusions-
fähig.
Die Ölfarben wurden durch die Kunstharzlacke ganz verdrängt
und sind in der Regel nicht mehr im Handel erhältlich.

Ölfarben selbst herstellen:

Es ist ohne weiteres möglich, eine Ölfarbe selbst herzustel-

len. Wer allerdings eine solche Farbe im Außenbereich einsetzen will, der besorge sich besser ein Fachbuch, da es
nicht einfach ist, die richtige Farbe für den entsprechenden
Untergrund im Außenbereich auszuwählen. Da im Innenbereich
die Belastungen für den Anstrich gering sind, ist es recht
risikolos, mit einer selbst gemischten Farbe zu streichen.
Die Farbkörper können in Pulverform gekauft werden und dann
mit dem Leinölfirnis gemischt werden. Die Maler, die früher
ihre Farben immer selbst mischten, verwendeten dafür eine
Trichtermühle. Auf jeden Fall sollte die in Öl angeriebene
Farbe vor der Verwendung durch ein Sieb oder eine Stoffgaze
durchgesiebt werden, um Farbklumpen, Verunreinigungen oder
Farbhäute zu entfernen.
Ein Nachteil der Ölfarbe liegt darin, daß sie nur sehr langsam trocknet. Durch Zusätze von Standöl und Holzöl können die
Trocknungseigenschaften jedoch verbessert werden. (siehe Fach-
literatur).
Zum Herstellen einer gut streichfähigen Farbe müssen bei ver-
schiedenen Farbkörpern unterschiedlich große Anteile von Leinölfirnis beigemengt werden. Dieser unterschiedliche Ölbedarf
wird auch als Ölziffer bezeichnet. Der Ölbedarf verschiedener
Körperfarben zur Streichfähigkeit beträgt im Mittel wie folgt:

Farbkörper	Anteil an Leinöl-firnis in %	Bedenkliche Inhaltsstoffe
Kreide	40 - 45 %	
Bleiweiß	15 - 20 %	Blei
Zinkweiß	35 - 40 %	Zink
Lithopone	20 - 30 %	Zink
Titanweiß	30 - 40 %	
Marsgelb	50 - 65 %	
Elfenbeinschwarz	75 - 80 %	
Chromgelb	75 - 80 %	Chrom, Blei
Neapelgelb	15 - 20 %	Blei
Ocker	60 - 75 %	
Terra di Siena	75 -100 %	
Umbra	55 - 95 %	
Rußscharz	75 - 95 %	
Bleimennige	10 - 15 %	Blei
Englischrot	40 - 60 %	
Echt. Zinnober	20 - 25 %	Quecksilber
Ultramarinblau	30 - 40 %	
Chromoxidhydratgrün	75 - 95 %	Chrom
Kasslerbraun	45 - 75 %	
Rebenschwarz	75 - 80 %	

427

> **ACHTUNG!**
>
> Lappen, die mit holzöl-, terpentin- oder leinölhaltigen Produkten getränkt sind, können sich selbst entzünden!
> Deshalb folgende Vorsichtsmaßnahme treffen:
> den Lappen direkt nach der Arbeit verbrennen, ihn in einer geschlossenen Blechbüchse aufbewahren, oder ihn ausgebreitet im Freien trocknen lassen.

428

Grundsätzliches zur Verwendung von synthetischen und natürlichen Oberflächenmitteln:

Es ist unbestritten, daß die chemischen Farben und Lacke gegenüber den Behandlungsverfahren mit natürlichen Rohstoffen in Bezug auf Haltbarkeit, Pflegeleichtigkeit und mechanischer Belastbarkeit eine Reihe von Vorzügen haben, denen sie den heute weit verbreiteten Einsatz zu verdanken. Leider werden dabei jedoch oft die Folgeprobleme übersehen, die aus der Anwendung von Kunststoff bei der Oberflächenbehandlung entstehen (Belastung der Umwelt bei der Herstellung, Verarbeitung und Beseitigung ; wegen der Produktfülle und fehlender Informationen oft nicht sachgerechte Anwendung; Schwierigkeiten bei der Reparatur bereits behandelter Oberflächen).
Darüberhinaus gehen vielfach durch die Anwendung von Kunststoffprodukten die guten Eigenschaften des Holzes wie Diffusionsfähigkeit und eine lebendige Oberfläche verloren.
Im Möbelbau ist es heutzutage z.B. üblich, Spanplatten einzusetzen. Auf die Platten wird dann noch eine weitere Schicht aus Kunststoff (Lack) gelegt.

Im Möbelbau ist es heutzutage z.B. üblich, Spanplatten einzusetzen. Auf die Platten wird dann eine Schicht Furnier geleimt, wobei diese "Holzschicht" nach dem Schleifen noch bestenfalls 0,5 mm dick ist. Auf diese sowieso nur hauchdünne Lage Holz wird dann noch eine weitere Schicht aus Kunststoff (Lack) gelegt. Dies wird dann als "echtholzfurniertes Möbelstück" bezeichnet. In einem solchen Fall könnte man eigentlich getrost auf das bißchen Holz verzichten und direkt eine sogenannte dekorative Schichtpresstoffplatte verwenden. Die neuesten Imitationen sehen so echt aus, daß es eine Schande ist, für das bißchen Furnier noch Bäume zu fällen. Außerdem sind diese Platten sowieso noch robuster. Im baubiologischen Sinne stehen sie auch einer lackierten Spanplatte an Schlechtigkeit nichts nach. Wer sich hingegen für Holz entscheidet, sollte dessen gute Eigenschaften nicht unter Kunststoff verstecken!

Übersicht: synthetische und natürliche Lasuren

	SYNTHETISCHE LASUREN	NATÜRLICHE LASUREN UND ÖLFARBEN
Inhaltstoffe	* z.T. Holzschutzmittel * div. Bindemittel: Kunstharze * evtl. Farbpigmente * Lösungsmittel * z.T. Zusätze zur Verbesserung der Streicheigenschaften * Duftstoffe	* trocknende Öle (Leinöl, Holzöl, Standöl) * Lösungsmittel (Spiritus, Balsamterpentinöl) * z.T. Naturharze * evtl. Zusätze zur Verbesserung der Streicheigenschaften * evtl. Farbpigmente (besonders bei Ölfarben) * Duftstoffe
Eigenschaften	* dampfdurchlässig * offenporig * feuchtigkeitsregulierend * Filmbildung leicht bis stark * klar oder abgetönt (Farbe nicht deckend sondern durchscheinend Ausnahme: Ölfarben sind deckend)	
Anwendung	* Innenbereich: Wand- und Deckenverkleidungen, Fenster * Außenbereich: Verbretterungen, Zäune, Fenster etc.	
Vorteile	* einfach zu verarbeiten und nachzubehandeln	
Nachteile	* deckt die Holzstruktur nach mehreren Anstrichen zu (Ölfarben bilden einen Anstrichfilm, der die Holzstruktur völlig verdeckt) * alle Holzschutzmittel sind mehr oder weniger bedenklich (beim Verarbeiten gut lüften)	
Arten	* Imprägnierlasuren * Dickschichtlasuren	* Lasuren unterschiedlicher Konsistenz und Eigenschaften je nach Zusammensetzung

Übersicht: natürliche Öle und Wachse

	ÖLE	WACHSE
Inhalt-stoffe	* trocknende Öle (Lein - öl, Standöl, Holzöl) * Trockenstoffe (Blei- und Kobaltsikkative) * evtl. Lösungsmittel * evtl. Farbpigmente und geringe Zusätze zur Verbesserung der Streicheigenschaften * Duftstoffe	* Bienenwachs oder * Pflanzenwachs oder * synthetische Wachse (Paraffin, Stearin) * Lösungsmittel * evtl. Farbpigmente * Duftstoffe
Eigen-schaf-ten	* nicht schichtbildend * offenporig und dampf-durchlässig	* dampfdurchlässig * feuchtigkeitsregu-lierend
Anwen-dung	* vorwiegend im Innenbe-reich (Möbel, Fußböden, Vertäfelungen) * im Außenbereich nicht bei freier Witterung	* nur für den Innenbe-reich geeignet (Möbel, Fußböden, Vertäfelun-gen)
Vor-teile	* schnell und einfach zu verarbeiten * preiswert * blättert nicht ab, ist einfach nachzuarbeiten	* einfach zu verarbei-ten * preiswert * gesundheitsunschädlich * angenehmer Geruch
Nach-teile	* häufige Nachbehandlung erforderlich * Trockenstoffe z.T. problematisch * der Geruch von Leinöl wird zuweilen als un-angenehm empfunden	* Anwendung arbeitsin-tensiv * häufige Nachbehand-lung erforderlich
Arten	* bekanntestes Mittel: Leinölfirnis	* harte und weiche Wachse

Übersicht: synthetische und natürliche Lacke

	SYNTHETISCHE LACKE	NATURHARZLACKE
Inhalt-stoffe	* Kunstharze als Bin-demittel evtl. mit trocknenden Ölen * Lösungsmittel * Farbpigmente * Zusätze zur Verbesse-rung der Streicheigen-schaften * Duftstoffe	* Naturharze (z.B. Kopale, Dammar) als Bindemittel * trocknende Öle * Lösungsmittel (Balsam-terpentinöl, Spiritus) * evtl. Farbpigmente * evtl. Zusätze zur Ver-besserung der Streich-eigenschaften * Duftstoffe
Eigen-schaf-ten	* stark filmbildend * harte, geschlossene Oberfläche * dampfbremsend bis dampfsperrend * Klar- bzw. Farblack	
Anwen-dung	* Innen- und Außenbereich, besonders maß-haltige Bauteile wie Fenster und Türen	
Vor-teile	* trocknen schnell * leicht zu verarbeiten * sehr gute Haltbarkeit * viele kräftige Farben	* ungiftig für Mensch und Tier, auch bei der Verarbeitung
Nach-teile	* Nachbehandlung aufwendig, da der alte Anstrich ent-fernt werden muß * Abdampfen von Weichma-chern und anderen Schad-stoffen über z.T. längere Zeiträume * Bei der Herstellung ent-stehen giftige Nebenpro-dukte, besonders bei der Produktion der Farbstoffe für farbige Lacke	* trocken langsam * nicht so dauerhaft wie Kunstharzlacke * Nachbehandlung meist auf-wendig (alter Anstrich muß entfernt werden) * Erdfarbenpigmente errei-chen nicht die Farbinten-sität und Vielfalt chemi-scher Pigmente, sind aber häufig schöner
Arten	* Nitrozelluloselack * Alkydharzlacke * Reaktionslacke * Säurehaltige Lacke, Polyesterlacke	* Speziallacke unter-schiedlicher Zusam-mensetzung für den Innen- und Außen-bereich

Fußbodenbehandlung

Fußbodenbehandlung mit Leinöl und Bienenwachs:

501 Für den Fußboden ist ein chemischer Holzschutz nicht notwendig, da im Innenbereich gewöhnlich kein Pilzbefall auftritt (202), und auch ein Befall durch tierische Schädlinge
sehr unwahrscheinlich ist wenn die Feuchte des Holzes niedrig,
und seine Oberfläche porenverschlossen ist. Deshalb ist hier
nur eine Holzoberflächenbehandlung nötig.

502 Zum Behandeln des Fußbodens eignet sich ein hartes Bienenwachspräparat. Teilweise sind die Präparate noch mit harten
Pflanzenwachsen vermischt (z.B. Kanaubawachs), um eine strapazierfähigere Oberfläche zu erhalten.
Wichtig ist, daß der Boden vor der Behandlung gut geschliffen
wird. Bei kleinen Flächen eignet sich ein Handbandschleifer,
bei größeren Flächen ist es sinnvoller, sich eine Spezial-
maschine zum Abschleifen auszuleihen.
Mit einem groben Schleifband (60er oder 80er Körnung) wird
zuerst der Boden plan geschliffen und eventuell vorhandene
Verunreinigungen und Beschädigungen entfernt.
Der Endschliff erfolgt mit einem feineren Schleifband
(100er oder 120er Körnung). Es muß immer in Faserrichtung geschliffen werden (506). Nach dem Schleifen wird der Staub
sorgfältig entfernt (am besten mit einem guten Vakuumsauger).
Nun wird der Boden grundiert.

Dazu bieten sich drei verschiedene Grundiermittel an:
* Halböl oder Grundieröl - für wenig strapazierte Böden.(Grun-
  dieröl ist Halböl mit Zusätzen aus ätherischen Ölen und
  Kräuterextrakten)oder
* Naturharzölimprägnierung für stärker strapazierte Böden

Das geschliffene Holz muß mit der Grundierung bis zur Sättigung getränkt werden. Und zwar naß in naß, was bedeutet, daß
der zweite Auftrag erfolgen muß bevor der erste getrocknet
ist. Die Grundierung mit Öl hat im wesentlichen die Aufgabe,
das Holz vor Wasser zu schützen, das bei längerem Einwirken
unter die Wachsschicht eindringen könnte und das Holz zum
Quellen bringt.
Bei geringer Durchnässungsgefahr des Bodens (Wohnräume etc.)
reicht eine Grundierung mit Halb- oder Grundieröl, bei stärker beanspruchten Böden sollte eine Naturharzölimprägnierung
gewählt werden.
Ist der Boden gesättigt und nimmt keine Grundierung mehr auf,
sollte ein eventueller Überschuss am besten mit einem Leinentuch (Entzündungsgefahr, 427) abgenommen werden, da sonst die
Grundierung nicht trocknet.

503 Achtung: Bei der Verarbeitung der Grundierung Schuhe mit Le-
dersohlen tragen, oder Arbeitsschuhe mit säure- und ölbestän-
diger Sohle, damit diese nicht vom Balsamterpentinöl angelöst
werden und so der Boden verunreinigt wird.
Bei der Arbeit sollte gut gelüftet werden, da die entstehen-
den Terpentindämpfe der Gesundheit schaden können (416)!
Nach dem Trocknen der Grundierung (10 bis 20 Stunden) kann
mit dem Wachsen begonnen werden.
Bei dem nun folgenden Wachsen sollte weder der Boden noch die
Luft zu kalt sein, am besten sind Temperaturen um die 20°C.
Eine leichte Erwärmung des Wachses im Wasserbad ist günstig.
Bei größeren Flächen ist die Verwendung einer Bohnermaschine
sinnvoll, die ein Zusatzgerät zur Verflüssigung des Wachses
hat.
Das Wachs sollte nun so dünn wie möglich aufgetragen werden,
denn sonst klebt es und verbindet sich mit Staub und Dreck
zu einer schlierigen Schicht auf dem Boden.
Zum Auftragen benutzt man am besten einen Baumwoll- oder
Leinenlappen. Man kann das Wachs auch mit einem Ballen (508)
dünn einmassieren.
Nach dem Durchtrocknen des Wachses (1-2 Tage) wird kräftig
mit einem Bohnerbesen oder einer Bohnermaschine poliert,
denn bei gewachsten Flächen gilt: je besser nachgearbeitet,
desto widerstandsfähiger ist die Oberfläche.

Pflege des gewachsten Bodens:

Von Zeit zu Zeit muß neues Wachs aufgetragen werden, wie
oft, hängt von der Stärke der Beanspruchung ab (zwischen
ein- bis viermal im Monat). Nachgewachst werden muß nur an
den Stellen, an denen es notwendig ist.
Gereinigt wird der Boden mit einem feuchten (nicht nassen)
Lappen, in das Wischwasser kann man etwas Schmierseife,
jedoch keinesfalls scharfes Reinigungsmittel geben.
Verschüttetes Wasser sollte sofort wieder aufgenommen werden, da sonst der Boden fleckig wird.
Verschmutzungen können mit Balsamterpentinöl entfernt werden (einfach das Wachs mit dem Terpentinöl erweichen und
den Schmutz mit einem sauberen Lappen aufnehmen).
Tiefergehende Verschmutzungen können beseitigt werden, indem
an der entsprechenden Stelle mit einer scharfen Ziehklinge
der Boden vorsichtig abgezogen wird. Anschließend wird neu
grundiert und gewachst. Eine solche punktuelle Nachbehandlung ist bei versiegelten Böden z.B. nicht möglich.
Noch etwas zu den besonderen Vorzügen des gewachsten Bodens:
- er ist, außer bei Verwendung von Schuhen mit Textilsohlen,
  rutschfest,
- er ist atmungsfähig, d.h. die Aufnahme und Abgabe von

Wasserdampf wird nicht behindert, und
- ein gewachster Fußboden sieht angenehm aus und riecht gut
  (keine spiegelnden Flächen),
- außerdem ist es möglich, vorher zu beizen (601) oder getön-
  tes Wachs zu verarbeiten,
- die Holzmaserung wird belebt.
Preis pro m^2: Grundierung etwa 1,- DM, Wachs 1,- bis 2,- DM

Fußbodenbehandlung mit Leinölfirnis:

504 Auch hier muß der Boden zuerst gut geschliffen (506) und dann
satt mit Halböl (423) grundiert werden. Der Leinölfirnis wird
dann mit dem Pinsel aufgetragen. Hier ist es ebenfalls wichtig, daß überschüssiger Firnis nach 20-30 min mit einem saug-
fähigen Lappen entfernt wird.
Nach dem Trocknen wird der Boden ein zweites Mal behandelt,
und zwar wird diesmal der Leinölfirnis mit Balsamterpentinöl
verdünnt (2 Teile Leinölfirnis auf ein Teil Terpentinöl).
Wenn nötig, vor allem bei stark saugenden Böden, auch ein
drittes Mal behandeln.
Der Boden wird wie ein gewachster Boden gepflegt und mit
Fußbodenwachs gebohnert. Zum Teil gibt es bei den biol.
Fachfirmen auch spezielle Fußbodenöle mit Naturharzen.
Diese Öle schaffen eine härtere Oberfläche als die Lein-
ölfirnisse.
Leinölfirnis, Preis pro m^2 Oberflächenbehandlung ca 1,- bis
1,50 DM. Zu beziehen von den biol. Fachfirmen oder durch den
Farbenhandel (Achtung: nur bleifreien Leinölfirnis kaufen!).

Fußbodenbehandlung mit Naturharzlack:

505 Naturharzlacke für Fußboden enthalten besonders harte und
strapazierfähige Harze. Dennoch erreichen sie zumeist nicht
die guten Eigenschaften von synthetischen Lacken, was ihre
Haltbarkeit, Pflegeleichtigkeit und mechanische Belastbarkeit betrifft. Ihre geringere Festigkeit gleichen die Na-
turharzprodukte durch ihre biologischen Vorzüge allerdings
halbwegs wieder aus: die Atmungsfähigkeit des Holzes bleibt
zum Teil erhalten und die elektrostatische Aufladung (411)
der Lacke ist gering.
Naturharzlacke sind einfach zu streichen, spritzen und zu
rollen, wobei die Holzoberfläche mit einem sichtbaren Lackfilm überzogen wird, der klar oder abgetönt, matt oder
glänzend sein kann.
Mit Naturharzlacken behandelte Böden kann man in der Regel
nicht nacharbeiten.Es bleibt nichts anderes übrig, als ir-

gendwann einmal alles wieder abzuschleifen und neu zu versiegeln.
Zu beziehen sind die Lacke bei den biol. Fachfirmen und deren Gebietsvertretungen. Die Verarbeitung erfolgt nach Angaben der Hersteller.
An dieser Stelle bleibt zu fragen, ob eine Fußbodenbehandlung mit den zuvor beschriebenen Bienenwachsen bzw. Leinölfirnissen nicht sinnvoller ist, da auch die Kosten der Oberflächenbehandlung mit Naturharzlacken relativ hoch sind (ca 5,- bis 10,- DM pro m^2). Und wozu muß man auf einem Lackfilm laufen, um angeblich das Holz zu schützen, wenn erwiesen ist, daß gewachstes Eichenparkett mehrere Jahrhunderte überdauert und selbst gewachste Nadelholzfußböden bequem ein Menschenleben überdauern.

Das Schleifen des Holzes:

506 Vor jeder Oberflächenbehandlung ist es wichtig, daß das Holz gut geschliffen ist.
Zum Schleifen nimmt man einen Schleifkorken (Tischlereibedarf, Hobbyladen), über den ein Stück Schleifpapier gelegt wird.
Damit wird nun großflächig in Richtung der Fasern geschliffen. Wer es kann, der putze zuerst mit einem Putzhobel die Fläche und schleife nur noch fein nach.
Ansonsten wird mit grobem Schleifpapier (Körnung 80) angefangen und wenn die Fläche schön sauber und gleichmäßig ist, folgt der Feinschliff mit einem feineren Papier (Körnung 120). Bei sehr feinen Arbeiten oder vor dem Beizen (601-607) kan man dann noch einmal mit Schleifpapier (Körnung 150 - 180) nachschleifen.
Vorsicht bei elektrischen Bandschleifern. Schnell sind Unebenheiten in die Fläche geschliffen.

Möbeloberflächenbehandlung

Möbeloberflächenbehandlung mit Bienenwachs:

507 Wie den Fußboden kann man auch Möbel wachsen. Das Holz sollte hier ebenfalls vor der Oberflächenbehandlung gut in Faserrichtung geschliffen werden. Bei wenig beanspruchten Möbeln kann man statt eines harten Wachses ein mittelhartes oder weiches nehmen (419), das leichter zu verarbeiten ist.
Das Wachs kann transparent oder getönt sein, wobei es sich mit Erd- oder Mineralfarben auch selbst im gewünschten Farbton einfärben läßt. Außerdem besteht die Möglichkeit, das Holz vorher zu beizen (601).

508 Das Wachs wird am besten mit einem richtigen "Ballen" ein-
gearbeitet. Für das Innere des Ballens eignet sich rohe
Schafwolle sehr gut, Watte tut's aber auch, aus der ein fes-
ter Kern geformt wird, über den ein Wollappen (reine Wolle,
keine Kunstfaser) gezogen wird. Dieser Wollappen wird wiederum mit einem "tausendmal gewaschenen Leinen" umwickelt
(es kann auch weniger oft gewaschen sein, nur neu und ge-
stärkt sollte es nicht sein). Dieser Ballen wird dann fest
in die Hand genommen, sodaß die glatte Fläche nach außen
liegt, und mit ihm das Wachs kräftig in das Holz eingerieben. Es sollte kein Wachsüberschuß stehenbleiben. Um eine
schön glänzende und strapazierfähige Oberfläche zu erhalten,
wird das Holz mit einer Roßhaarbürste kräftig nachgebürstet,
sobald das Wachs eingetrocknet ist.
Auf die wachsbehandelten Möbelstücke kann dann noch eine
Schellackpolitur aufgebracht werden (512).

509 Achtung! Für Stühle ist die Bienenwachsbehandlung nicht geeignet, da durch die Erwärmung beim Sitzen die Gefahr besteht, daß das Wachs klebrig wird und die Kleidung verschmutzt.

Möbeloberflächenbehandlung mit Leinölfirnis:

510 Mit Leinölfirnis (420) werden Möbel in derselben Art behandelt wie Fußböden (504), nur braucht hier der Firnis nicht
so stark mit Balsamterpentinöl verdünnt werden, da die Oberfläche in der Regel weniger beansprucht wird. Am besten
probiert man vorher an einem Probestück die Mischung aus.
Gute Erfahrungen sind auch mit folgender Methode gemacht worden : der Leinölfirnis wird nur einmal, dafür aber heiß mit
einem breiten Pinsel aufgetragen. Anschließend wird der Überschuß mit einem Leinenlappen kräftig abgerieben. Das Ergebnis wird eine strapazierfähige, schöne und matte Oberfläche
sein.

Möbeloberflächenbehandlung mit Naturharzlack:

511 Wer für seine Möbel(insbesondere Tische und Stühle) eine
gut abwaschbare und pflegeleichte Oberfläche wünscht, kann
diese auch mit Naturharzlacken streichen. Die Möbel erhalten dadurch einen seidenmatten oder glänzenden Film, der
verhindert, daß Feuchtigkeit in das Holz einzieht.
Nach den Angaben der Hersteller ist ein zweimaliges Streichen erforderlich, wobei der erste Anstrich auch eine Grundierung sein kann. Nach dem ersten Anstrich sind die feinen
Holzfasern, die sich vorher beim Schleifen an das Holz ange-
drückt hatten, fixiert. Die Oberfläche wird deshalb rauh.

Durch einen Zwischenschliff mit feinem Papier (220 oder 280) wird die Oberfläche wieder glatt und bleibt es auch nach der Endlackierung.

512 Früher wurden Möbel oft mit Schellack poliert. Der Schellack wird aus den Ausscheidungen der indischen Schildlaus gewonnen. Zum Verarbeiten wird er in reinem Alkohol (Spiritus) gelöst. Es wird eine hauchdünne, hochelastische,aber nicht sehr wasser- und kratzfeste Oberfläche damit erreicht. Auch gewachste Oberflächen können mit Schellack überzogen werden. Der Auftrag erfolgt mit einem Wattebausch, der mit einem Mull- oder feinen Leinenlappen überzogen wird. Der mit Alkohol verdünnte Schellack sollte immer in den Bausch eingefüllt (und auch nachgefüllt) werden. Der Auftrag erfolgt stets in Faserrichtung.

Schellack ist sehr ergiebig. Deshalb sollte so stark verdünnt werden (1 : 10 o.ä.), daß nur ein hauchdünner Film aufgetragen wird. Nur nach völliger Durchtrocknung des 1. Auftrages kann ggf. ein 2. oder 3. Auftrag erfolgen. Der Bausch muß immer gut gleiten und darf nicht festkleben. Wenn die Fläche zu "ziehen" beginnt, muß aufgehört und die Durchtrocknung abgewartet werden. Es empfiehlt sich, den Auftrag zuerst an einem Probeholz zu üben. Von allen Lacken liefert die Schellack-Mattierung wegen ihres zarten, seidigen Glanzes wohl die schönste Oberfläche.

Auf Polierverfahren mit Schellack und anderen Lacken soll hier nicht weiter eingegangen werden, weil diese Techniken recht viel Geschick und Übung voraussetzen, um damit ein befriedigendes Ergebnis zu erzielen.

Arvenlacke:

513 Arvenlacke werden aus natürlichen Harzen und Ölen hergestellt, darunter ätherische Öle wie Zirbelkiefernöl. Arvenlack eignet sich besonders für die Oberflächenbehandlung von Wäscheschränken, da die Inhaltstoffe der Öle eine insektenabweisende Wirkung haben.

Eine Vorsicht vor zu massiver, großflächiger Anwendung ist sicherlich angebracht, da die ätherischen Öle toxikologisch keineswegs unbedenklich sind.

Mit Arvenlack behandelte Flächen kann man mit Arvenpolitur nachbehandeln, um die insektizide Wirkung aufzufrischen.

Möbeloberflächenbehandlung mit Lasuren:

514 An Möbeloberflächen werden in der Regel recht hohe Anforderungen gestellt. Es ist deshalb unüblich, Möbel, besonders wertvollere, zu lasieren.

Etwas anders verhält es sich mit einfachen Weichholzmöbeln
und Weichholzregalen. Zum Charakter dieser Möbel paßt meist
eine Behandlung mit einer, auch farbiger, Lasur ganz gut.
Die verschiedenen Lasuren und Ölimprägnierungen der biol.
Fachfirmen sind hierzu gut geeignet.

Tische

515 Küchentische und andere stark beanspruchte Tischoberflächen
dauerhaft zu behandeln ist recht schwierig. Daher ist es
am besten, Tische mit massiver Platte aus Hartholz (Esche,
Eiche, Buche, Ahorn) herzustellen. Eine solche Platte
braucht gar nicht behandelt werden, es genügt, sie bei starker Beanspruchung gelegentlich abzuschleifen.
Ansonsten wird eine Küchentischplatte am besten durch Ölen
behandelt, und zwar nicht mit Leinölfirnis (420) sondern
mit reinem Leinöl (Speiseöl) oder Olivenöl, das hauchdünn
eingerieben wird.
Weniger beanspruchte Tischoberflächen kann man auch einwachsen (siehe 507) oder mit Leinölfirnis streichen (510).

Wand- und Deckenvertäfelungen in Trockenräumen:

516 Bei Vertäfelungen, die weder berührt werden,noch durch
Spritzwasser gefährdet sind, reicht es, wenn die Fläche gut
geschliffen ist (506). Durch das Schleifen wird verhindert,
daß sich übermäßig Schmutz absetzt. Will man die Paneele verschönern oder färben, bieten sich Rinden-, Pflanzen- und evt.
chemische Beizen an (612, 601, 614 und 607). Auf eine weitere Oberflächenbehandlung kann dann verzichtet werden.
Durch Berühren oder durch andere Einwirkungen stärker beanspruchte Vertäfelungen, oder auch rauhe Hölzer werden besser
gewachst (419) oder mit Leinölfirnis (420) behandelt.
Bei Decken genügt ein weiches Bienenwachspräparat, bei Wandverkleidungen ist ein mittelhartes geeigneter. Beim Ölen
ist eine einmalige Behandlung mit unverdünntem, erwärmten
Leinölfirnis ausreichend.
Außerdem können Vertäfelungen natürlich mit Lacken (418)
oder Lasuren (417) gestrichen werden, auch wenn dies als ein
unnötiger Aufwand erscheint. Die Lasuren gibt es in vielen
Farbtönen zu kaufen, man kann sie auch selbst abtönen.

Wand- und Deckenvertäfelungen in Naß- und Feuchträumen:

517 Hier ist besonders auf den konstruktiven Holzschutz zu achten! So sollte eine Holzvertäfelung im Spritzwasserbereich
wie eine Außenverbretterung bei Schlagregengefahr ausgebil-
det sein (703). Bei starker Beanspruchung ist es sinnvoll,

eine Außenimprägnierung anzubringen, kommt nur gelegentlich
Spritzwasser an das Holz, reicht ein Bienenwachs- oder
Leinölfirnisanstrich aus.

Sichtbare Deckenbalken:

518 Da im Innenbereich aufgrund der niedrigen Holzfeuchte ein
Befall durch Pilze in der Regel ausgeschlossen werden kann,
ist allenfalls eine Behandlung des Holzes mit Bienenwachs
sinnvoll, um seine Poren zu verschließen und somit eine
Eiablage durch Insekten zu verhindern.

Flämmen des Holzes

519 Einen gewissen Holzschutz kombiniert mit einer interessanten
Oberflächengestaltung erreicht man durch das Flämmen von
Holz. Damit wird allerdings eine sehr rustikale Wirkung erzielt, die zu ihrer Umgebung auch passen muß. Durch einen
Gas- oder Benzinlötbrenner mit einer Breitdüse wird die
Holzoberfläche solange erhitzt, bis das Holz leicht braun
bis angebrannt schwärzlich ist.Es ist sehr zeitaufwenig,
größere Flächen zu flämmen. Der Schutzeffekt ist ähnlich
wie bei angekokelten Pfählen (812).

Variante:

Durch längeres Flämmen wird erreicht, daß das weichere Frühholz (105) bedingt durch seine grobere Zellstruktur schnel-
ler verkohlt als das dichtere Spätholz. Anschließend wird
das Holz mit einer Messingbürste in Faserrichtung abgebürstet. Hierdurch entsteht eine dunkelbraune Oberfläche mit
interessanter Maserungsstruktur (vorher ausprobieren, sehr
zeitaufwendig).

Beizen

601 Unter Beizen versteht man eine Farbgebung des Holzes (durch
chemische Prozesse oder einen Auftrag von Pigmenten), die
vor der Oberflächenbehandlung abgeschlossen wird.
Gebeizt wird, um dem Holz eine Farbe oder Tönung nach
Wunsch zu geben, wobei die Maserung des Holzes nicht verdeckt, sondern unter Umständen noch verstärkt werden soll.
Bei ausdrucksschwachen Hölzern, wie z.B. bei Tannenholz,dient
das Beizen auch dazu, das Holz interessanter zu machen.
Man unterscheidet:
* Wasserbeizen. Das sind in Wasser gelöste Farbpigmente, die
  pflanzlicher, tierischer oder synthetischer Natur sind.
  Die Pigmente dringen nur unwesentlich in das Holz ein, sie
  setzen sich vor allem auf der Oberfläche ab.

* Lösungsmittelbeizen, sind Pigmente, die in Spiritus, Terpentin oder sonstigen organischen Lösungsmitteln gelöst sind.
* Chemische Beizen . Diese werden auch Entwickler- oder Doppelbeizen genannt. Als Vorbeize wird auf das Holz ein gerbsäurereicher Stoff aufgetragen und gleichmäßig verteilt. Die Nachbeize reagiert dann chemisch mit der Vorbeize, und es entwickelt sich - oft erst nach Tagen - der gewünschte Farbton. Bei gerbsäurereichen Hölzern wie z.B. Eiche, kann auf eine Vorbeize verzichtet werden.
* Räuchern. Mit dem Räuchern, das nur für einzelne Möbelstücke geeignet ist, wird der gleiche Effekt wie mit den chemischen Beizen erzielt. Das Räuchern ist nur für gerbstofffreie Hölzer wie Eiche oder Robinie geeignet, die Salmiakgeistdämpfen ausgesetzt werden und dann mit der Gerbsäure chemisch reagieren.

Wasserbeizen

602 Wasserbeizen aus natürlichen Farbstoffen sind gewöhnlich nur wenig lichtecht und darum nur im Innenbereich einsetzbar. Zu kaufen sind die Wasserbeizen als Pulver. Wasserbeizen mit synthetischen Pigmenten aus Teerfarbstoffen , wie sie heute in Tischlereien gebräuchlich sind, zeichnen sich durch eine Vielzahl verschiedener Farbtöne und einer großen Lichtechtheit aus. Sie sind gesundheitlich sicher nicht immer unbedenklich, da aber zum Beizen von Möbelstücken nur recht geringe Mengen verbraucht werden, ist ihre Anwendung hier nicht sehr problematisch.
Anders verhält es sich bei großflächigen Wandvertäfelungen. Hier sollten Wasserbeizen mit synthetischen Pigmenten nicht nur wegen ihrer eventuellen gesundheitlichen Auswirkungen nicht zum Einsatz kommen, sondern auch wegen ihrer oft recht grellen Farbwirkung. Die zarteren und wenig aufdringlichen Pflanzenfarben sind hier in jedem Falle vorzuziehen.
Als Alternative zum Behandeln von Vertäfelungen kann man auch getönte Lasuren, Rindenbeizen (612) oder selbst hergestellte Pflanzenbeizen (614) verwenden.
Synthetische Wasserbeizen sind im Tischlereibedarf, in Farbenhandlungen und zum Teil in Baumärkten erhältlich.

603 Zur Beachtung: Bei Nadelhölzern wird bei der Verwendung von Pigmentbeizen (Wasserbeizen und Lösungsmittelbeizen) ein sogenannter negativer Beizeffekt erzielt. Das weiche Frühholz (105), das auch heller ist, nimmt mehr Farbe als das härtere und dunklere Spätholz auf. Dadurch wird das Erscheinungsbild umgekehrt (negativ), das Frühholz ist nach dem

Beizen dunkler als das Spätholz.

Verarbeitung von Wasserbeizen:
604 Vor dem Beizen mit Wasserbeizen müssen alle geschliffenen Flächen unbedingt gewässert werden und von harzigen und fettigen Flecken frei sein.
Wird das Holz beim Beizen mit Wasserbeizen naß, stellen sich viele Holzfasern auf, die vorher beim Schleifen ange-drückt wurden, die zuvor glatte Oberfläche wird also wieder rauh. Vor dem Beizen wird das Holz deshalb gewässert (mit Pinsel oder Schwamm und reinem Wasser), wodurch sich die Holzfasern aufstellen. Nach dem Trocknen schleift man das aufgerauhte Holz noch einmal mit feinem Papier (z.B. 150er Körnung) ab . Bei dem nun folgenden Beizen rauht die Ober-fläche nicht mehr auf.
605 Gebeizt wird immer naß in naß. Man trage reichlich Beize auf, verteile diese auf der gesamten Fläche und achte darauf, daß die Beize an keiner Stelle trocknet, bevor nicht alles ge-beizt ist. Sonst gibt es nämlich Flecken! Wenn an einer Stel-le die Beize schon getrocknet ist, und es wird ein zweites Mal aufgetragen, lagern sich eine zweite Schicht Pigmente ab und der Ton wird intensiver.
Wenn die Beize satt aufgetragen ist, nimmt man einen trocke-nen, weichen, breiten Pinsel, den Vertreiber, und verteilt die Beize gut in Faserrichtung. Überstände werden mit einem Schwamm aufgenommen. Vor einer weiteren Oberflächenbehandlung sollte das Holz gut trocken sein.

Lösungsmittelbeizen
606 Die Lösungsmittelbeizen sind im Tischlereibedarf, in Farben-handlungen und zum Teil in Baumärkten erhältlich.
Durch die enthaltenen, synthetischen Pigmente sind die Far-ben sehr kräftig, oftmals grell. Die Lösungsmittel in den Beizen sind gesundheitlich nicht unproblematisch.
Die Verarbeitungsverfahren können verschieden sein, man hal-te sich deshalb an die Angaben der Hersteller.

Chemische Beizen
607 Die chemischen Beizen sind mit Vorsicht zu genießen. Sie ent-halten teilweise giftige Stoffe wie: Pyrogallol (Gallussäure), Brenzkatechin (kann aus Fichtenrinde hergestellt werden), Kupfersulfat (Kupfervitriol), Kaliumchromat und Kaliumbichro-mat.
Die einzige chemische Beize, die recht ungefährlich ist, stellt man folgendermaßen her:

10 g Tannin (Apotheke) werden in einem Liter heißem Wasser aufgelöst. Das Tannin wird dabei mit wenig heißem Wasser zu einem klumpenfreien Brei angerührt, dem unter Umrühren nach und nach das restliche heiße Wasser beigegeben wird. Die Beizlösung sollte erst kurz vor dem Verbrauch angesetzt und, wie eine Wasserbeize auch, kalt aufgetragen werden.
Für die Nachbeize werden 10 g Pottasche (K_2CO_3, Apotheke) wie oben in einem Liter heißem Wasser aufgelöst.
Der Farbton dieser Beize ist leicht grau-grün. Das Wesentliche ist jedoch nicht die Farbveränderung - die zudem gering ist - sondern daß die natürliche Maserung des Holzes durch diese Beize stark hervorgehoben wird, wodurch besonders die Oberflächen von Nadelhölzern interessanter werden.

608 ## Räuchern
Eiche und andere gerbsäurereichen Hölzer (z.B. Robinie) können auch geräuchert werden. Damit wird ein grau-brauner bis dunkelbrauner Farbton erzielt werden.
Das Möbelstück wird in eine Kiste (es kann auch ein kleiner abgeschotteter Raum sein) gestellt und den Dämpfen von konzentriertem Salmiakgeist ausgesetzt.Der Salmiakgeist dringt in das Holz ein und reagiert mit der Gerbsäure, wodurch die Farbänderung entsteht. Wenn man lange genug räuchert, wird das Stück durch und durch gebeizt. Deshalb kann geräuchertes Holz problemlos geschliffen oder vorsichtig gehobelt werden, ohne daß sich sein Farbton verändert.
Vorsicht vor dem Einatmen der Dämpfe! Es kann nicht in der Wohnung geräuchert werden!

Allgemeine Regeln beim Beizen:
609 * Möbelstücke immer ohne Beschläge beizen.
* Vertäfelungen (z.B. Nut-und Federbretter) vor der Montage beizen, sonst können beim Arbeiten des Holzes ungebeizte Stellen erscheinen.
* Vorher gut schleifen (306), wässern (604) und den Staub entfernen.
* Chemische Beizen dürfen nicht mit Metall in Berührung kommen, auch der Pinsel sollte nicht in Blech gefaßt sein.
* Nur abgekochtes Wasser oder Regenwasser zum Ansetzen der Lösung verwenden.
* Immer genug Beize ansetzen, damit zusammengehörende Stücke mit derselben Lösung gebeizt werden können.
* Erst einmal probebeizen; will man den Farbton genau feststellen, muß man das Trocknen der Beize abwarten und dann noch oberflächenbehandeln.

Übrigens: Vor dem Beizen sollte man sich gut überlegen, warum man überhaupt beizen will. Oft sind es Modetrends oder es wird versucht, eine andere Holzart vorzugaukeln (sehr beliebt ist z.B. in den letzten Jahren das Behandeln von Eiche mit sogenannter Antikgrundbeize - einer Lösungsmittelbeize - geworden. Es wäre zu überlegen, ob hier nicht ein abgetöntes Bienenwachsbalsam genauso gut ist.

Erd- und Mineralfarben

610 Während Beizen immer auf das rohe Holz aufgetragen werden und dann anschließend (wenn erwünscht) noch eine Oberflächenbehandlung erfolgt, werden mit den Erd- und Mineralfarben Lasuren und Lacke abgetönt.
Im Gegensatz zu den Beizen, wird mit den Lacken und Lasuren die Struktur und Maserung des Holzes eher verdeckt.
Man kann die Erd- und Mineralfarben entweder fertig als Abtönpasten im Farbenhandel und bei den biol. Fachfirmen kaufen, oder man besorgt sich die Farben in Pulverform und setzt sie selbst zu einer Paste an. Das geht folgendermaßen:
In einen kleinen Teil des zu färbenden Anstrichmittels rührt man das Pulver sorgfältig und klumpenfrei ein. Dann läßt man die Mischung einige Tage verschlossen stehen, bis alles gut eingesumpft ist. Danach wird es noch einmal aufgerührt und der restlichen Menge des Anstrichmittels zugesetzt, wobei auf ein gleichmäßiges Einrühren zu achten ist.
Die Palette der Farbpigmente ist heute sehr groß. Bei der Auswahl der Farben anhand der Farbkarte sollten auf solche, die giftige Schwermetalle (Blei, Chrom, Cadmium usw) enthalten, verzichtet werden. Die Erdfarben sind im allgemeinen unbedenklich.

Selbstgemachte Lehmpigmente

611 Lehmbrocken werden in einen Eimer Wasser gegeben. Der reine Lehm löst sich in Wasser, während sich die Bestandteile Humus und Sand auf dem Boden absetzen.Dies dauert allerdings ein paar Tage. Das Lehmwasser wird dann abgeschöpft, getrocknet und das trockene Lehmpulver mindestens einen Tag in Leinöl eingesumpft. Danach kann es als pigmentiertes Leinöl verarbeitet werden.

Rindenfarbstoffe

612 Mit den Rindenfarbstoffen werden keine starken und sehr intensiven Farben erzielt. Die Farben harmonisieren aber gut mit Holz, da sie ja auch vom Baum stammen.

Ihre spätere Farbwirkung hängt dabei nicht nur von der verwendeten Baumrinde ab, sondern auch von der Art der späteren Oberflächenbehandlung.
Die im folgenden beschriebenen Rindenbeizen können selbst hergestellt werden. Sie sind nicht wasserfest und daher nur für den Innenbereich geeignet.
Für den Außenbereich empfiehlt es sich, fertige Produkte oder Erdfarben (610) zu nehmen.

Herstellung der Rindenfarbstoffe:

Die nun folgenden Rezepturen sind Herrn Heinz Steinmeyer in 8201 Riedering zu verdanken. Über ihn sind auch fertige Rindenbeizen und andere Mittel zum biologischen Holzschutz sowie zur biologischen Oberflächenbehandlung zu beziehen (siehe Anhang).
Nach seinen Angaben entfalten die Rindenfarben erst dann ihre volle Farbkraft, wenn sie bei aufsteigendem Mond, besonders in der Vollmondphase angesetzt werden und mit rhytmischen Prozessen gerührt werden (wie bei der Herstellung bio-dynamischer Präparate). Für das Gewinnen der Rinde und das Ansetzen der Rindenfarben eignet sich die Zeit von Ende Mai bis Ende Oktober.
Alle Rinden werden mit heißer Sodalösung (808) übergossen und dann 3 Tage lang bedeckt stehengelassen. Danach werden sie eine Stunde gekocht und anschließend mit einem sauberen Leinentuch gefiltert.

* Braune Farbtöne:
  - grüne Walnußschalen (Sammelzeit Juli) in 5% Sodalösung ergeben ein warmes, intensives Dunkelbraun, das wegen seiner Lichtdurchlässigkeit im Ganzen hellbraun wirkt.

  - Buchenrinden in 5% Sodalösung ergeben ein warmes, etwas trübes Braun mit gräulichem Schimmer, zum Teil auch rotstichig.

  - Fichtenrinden in 5% Sodalösung ergeben ein lichtes Braun, das in seiner Farbgebung an die äußere Schicht der Fichtenrinde erinnert.

  - Apfelbaumrinden in 5% Sodalösung ergeben ebenfalls ein lichtes , warmes Braun, jedoch etwas intensiver als bei Fichte und mit deutlicher Verstärkung der Holzstruktur.

* Gelbliche Farbtöne:
  - Pappelrinden in 5% Sodalösung ergeben eine zart gelblichbräunliche Tönung. Nach einer Oberflächenbehandlung mit Bienenwachs wird die Tönung der Struktur deutlicher und transparenter.

- Kirschbaumrinden in 10% Sodalösung ergeben eine gelbliche Tönung. Bei Fichte wird das Frühholz gelblich-weiß, das Spätholz braun-gelb (105), bei Kiefer das Frühholz weißlich-gelb, das Spätholz rötlich-braun.
* Grünliche Farbtöne:
- Eschenrinden in 5% Sodalösung ergeben ein zartes grau-grün. Bei Kiefer wird Kernholz (109) grau-grün, Splintholz wird rötlich-grün.
* Aprikosen- Farben:
- Birkenrinden in 10% Sodalösung ergeben eine aprikosenfar-bige Tönung.

Rindenimprägnierung zum Selbstmachen:

613 Man stellt eine 5%ige Sodalösung aus 250 g Soda und 5 Litern Wasser her, läßt sie aufkochen und wirft beim Abkühlen 250-500 g frische Rinde hinein. Das Ganze bleibt dann für 4 Wochen in einem offenen Gefäß im Freien stehen. Es wird etwas faulig riechen, denn in der Lösung werden sich Mikroorganis-men bilden. Nach den 4 Wochen wird die Lösung eine Stunde lang gekocht, wobei die Mikroorganismen abgetötet werden.Man erhält eine geruchlose Flüssigkeit, die dann durch ein Lei-nentuch gefiltert wird.
Die fungiziden und insektiziden Eigenschaften dieser Impräg-nierung können noch dadurch verbessert werden, daß das Rinden-serum mit 10% Borax versetzt und möglichst heiß auf das zu behandelnde Holz aufgetragen wird.

Beizen mit Pflanzenfarben

An dieser Stelle soll noch auf die Möglichkeit hingewiesen
614 werden, Holz mit Pflanzenfarben zu beizen:

* Alkanna ist eine Staude, die im östlichen Mittelmeer wächst und seit dem Mittelalter zum Färben benutzt wird.
Alkanna in 10% Sodalösung färbt Fichtenfrühholz grünlich, Spätholz bräunlich. Bei Kiefer wird das Splintholz grün, das Kernholz rot. Durch eine nachfolgende Oberflächenbe-handlung des Holzes mit Bienenwachs wird die Färbung wär-mer und transparenter.
Alkanna mit 70%igem Alkohol extrahiert (1 g auf 10 ml) er-gibt eine rot- bis rosafarbige Tönung.

* Färberdistel ist eine subtropische Pflanze, die auch als wilder oder falscher Safran bezeichnet wird. Färberdistel mit 10% Sodalösung extrahiert ergibt eine matte, unaufdring-liche Gelbfärbung.

* Katechu wird aus dem Kernholz der in Ostindien beheimateten Gerberakazie gewonnen. Es ist als getrockneter, brauner Extrakt erhältlich und ergibt in einer 10%iger Sodalösung extrahiert ein intensives Braun, Katechu ausgekocht in Wasser und warm bei 60°C aufgetragen, ergibt einen nicht sehr intensiven haselnußbraunen bis rotbraunen Farbton.

* Cochenille ist ein roter Farbstoff, der aus der in Mittelamerika beheimateten Cochenillelaus gewonnen wird.
Cochenille, zwei Tage lang in einer 10%iger Sodalösung gelöst,ergibt eine karminrote Tönung.

* Ratanliawurz ist die Wurzel einer tropischen Pflanze und färbt in 10%iger Sodalösung aufgelöst, Fichte mahogoni - rötlich, Kiefernsplint und -kernholz warmleuchtend hell- bis dunkelbraun (bei Kernholz ist eine unregelmäßige Farbaufnahme möglich).
Ratanliawurz in 70%igem Alkohol (1 g auf 10 ml) extrahiert, ergibt eine orange-bräunliche, transparente Tönung.

* Zwiebelschalen in Wasser ausgekocht, bringt eine transparente, schwach rosafarbige Tönung, die angenehm den Charakter des Holzes hervorhebt. Ist besonders auch für große Flächen geeignet.
* Kaffee oder Zichorienwurzeln in Wasser oder in 5% Sodalösung ergeben angenehme Brauntöne.

Herstellung der Beizen:
Die Pflanzenfarbstoffe werden mit Alkohol, Wasser oder Soda angesetzt, gut durchgerührt und dann einige Zeit stehengelassen. Wie auch bei den Rindenbeizen wird mit ihnen eine eher transparente Farbwirkung erzielt.

Abbbeizen
615 Will man bereits oberflächenbehandeltes Holz neu streichen, muß oft der alte Anstrich entfernt werden. Eine Ausnahme sind nur die mit Leinölfirnis oder Lasuren behandelten Oberflächen, die später noch mit Firnis, Lacken und Lasuren gestrichen werden können.
Mühsam, aber ohne die Verwendung giftiger Abbeizmittel ist das mechanische Entfernen alter Anstriche. Also: hobeln, abziehen mit der Ziehklinge und Schleifen (dabei sollte man vermeiden, den Schleifstaub einzuatmen).
Es gibt einige käuflich zu erwerbende Abbeizmittel, die z.T. sehr giftige Inhaltstoffe enthalten (organische Lösungsmittel). Alle Abbeizmittel sind in der Regel stark ätzend.

Folgende Ablaugpaste kann man selbst herstellen:
1 Liter Wasser,
150-300 g Ätznatron (Natriumhydroxid), weniger tut's oft auch
1 Schuß Salmiakgeist
Kartoffelstärke
Das Ätznatron wird in Wasser aufgelöst (Natron in's Wasser,
nicht umgekehrt, beim Lösungsvorgang wird Wärme frei!), die
Kartoffelstärke ebenfalls unter ständigem Rühren in Wasser
einrühren und der heißen Lauge soviel zusetzen, bis sie eine
salbenartige Konsistenz erreicht hat. Dann wird ein Schuß
Salmiakgeist zugegeben. Die Paste wird mit einem Pinsel aufgetragen und sollte so lange auf das Holz einwirken, bis sich
der alte Anstrich gelöst hat (ca 4-12 Stunden); sie sollte
aber nicht antrocknen, da sonst das Abspachteln erschwert
wird. Die abgebeizte Fläche wird dann mehrmals mit klarem
Wasser abgebürstet, um die Laugenreste zu entfernen. Laugenreste im Holz können auch mit verdünnter Salzsäure oder 80%
igem Essig (Essigsäure) entfernt werden.
Diese Ablaugpaste ist zwar auch ätzend, sie enthält jedoch
keine schädlichen Lösungsmittel und ist biologisch abbaubar.
Übrigens: Die Ablaugpaste sollte nicht bei Ahorn, Nußbaum und
Obstbaumhölzern verwendet werden, da sie hier das Holz verfärbt!

Flüssiger Abbeizer kann selbst hergestellt werden aus:
* 50 g Ätznatron (Apotheke, Drogerien) und einem Liter Wasser,
oder aus
* 50 g Soda (Natriumkarbonat) und 10 g Schmierseife, in Wasser
gut gelöst.
Auch bei den flüssigen Abbeizern muß die Verträglichkeit mit
Obstbaumhölzern, Nußbaum und Ahorn erst an einer nicht sichtbaren Stelle geprüft werden.

Schellacke können auf allen Hölzern mit einem Gemisch aus
Salmiak (30%) und Spiritus im Verhältnis 1:1 entfernt werden.
Das Gemisch wird mit dem Pinsel satt auf das Holz aufgetragen
und der Lack nach kurzem Einwirken mit der Ziehklinge oder einem Spachtel abgezogen.

Unabhängig von der Abbeizmethode sollte das Holz anschließend
ausreichend Zeit zum Trocknen haben.

Abbrennen

616 Alte Lacke können auch durch Abbrennen entfernt werden,ent-
weder mit einer Lötlampe mit Benzin- oder Propanbetrieb
(speziellen Brenner benutzen), oder mit einem elektrischen
Abbrenngerät, das ohne Flammentwicklung eine Hitze von ca
600°C entwickelt. Diese Methode ist allerdings nur sinnvoll,

wenn man das Holz danach deckend streichen will, sonst bereitet die Entfernung der angekokelten Stellen zu viel Mühe. Es ist auch möglich, Abbrennen und Abbeizen zu kombinieren. Die Lackschicht wird dann nur so lange erhitzt, bis sich Blasen bilden und sie sich leicht wirft. Der gelöste Lack kann mit einem Spachtel, und die verbleibenden geringen Lackreste mit ein wenig Abbeizer entfernt werden.

Bleichen

617 Manchmal ist es zweckmäßig, Hölzer durch Bleichen aufzuhellen. Dazu gibt es verschiedene käufliche Produkte, die aber wegen ihrer zweifelhaften Zusammensetzung nicht verwendet werden sollten. Auch von der früher sehr beliebten Oxalsäure ist abzuraten, sie ist sehr giftig.

Am besten bleicht man mit Wasserstoffperoxid (Wasserstoffsuperoxid, Drogerie, Apotheke). Es zerfällt zu Wasser und Sauerstoff und verdunstet vollständig. Während der Arbeit sollte man Gummihandschuhe tragen und die Augen vor Spritzern schützen, da das Wasserstoffperoxid stark ätzt.

Man kaufe das Peroxid als 30% ige Lösung (Apotheke, Chemikalienhandel), soll nicht sehr stark gebleicht werden, kann man es mit Wasser im Verhältnis 1 : 1 oder 1 : 2 verdünnen. Die Bleichwirkung kann durch einen Zusatz von Salmiakgeist verstärkt werden. Bei kleineren Flächen werden 100 cm^3 Salmiakgeist auf ein Liter Peroxid gemischt. Die Mischung wird mit einem Pflanzenfaserpinsel satt aufgetragen und der Überschuß nach kurzer Einwirkzeit entfernt. Ein Nachwaschen mit Wasser ist nicht erforderlich. Größere Flächen müssen anders behandelt werden, da der Salmiakgeist das Peroxid schnell zersetzt und es die Bleichkraft verliert. Große Flächen werden deshalb mit konzentriertem oder verdünnten Peroxid, und kurze Zeit darauf mit einer verdünnten Salmiakgeist-Lösung (250 cm^3 Salmiakgeist auf 1 l Wasser) gestrichen. Die gebleichten Hölzer sollten mindestens 24 Stunden ablüften. Achtung! Wasserstoffperoxid zersetzt sich unter Lichteinwirkung. Es muß entweder im Dunkeln aufbewahrt werden oder in lichtundurchlässigen Behältern.

Von der Luft gebräuntes Eichenholz kann mit Zitronensäure aufgehellt werden. Dazu werden 30 g Zitronensäure (Apotheke) in einem Liter Wasser gelöst. Man trägt die Lösung heiß auf, läßt sie 10 Minuten einwirken und wäscht mit warmem Wasser nach. Werden nicht alle Reste entfernt, kann es unschöne Flecken geben. Anschließend sollte das Holz mindestens 12 Stunden trocknen können. Auch beim Verarbeiten der Zitronensäure ist Vorsicht geboten, da es sich um eine Säure handelt (wie der Name schon sagt).

Entharzen

618 Harze lassen eine Beize nicht ins Holz eindringen. Bei verschiedenen Anstrichen, besonders auch im Außenbereich und an Fenstern ist es deshalb ratsam, das Holz vorher zu entharzen. Handelsübliche Entharzer enthalten Lösungsmittel (403) und sollten deshalb nicht verwendet werden. Ebenso kein Tetrachlorkohlenstoff, der sehr giftig ist.
Man nehme einfach 30 - 50 g Kernseife, löse sie in heißem Wasser auf (gerade soviel Wasser zusetzen, bis die Seife gelöst ist) und setze noch 100 cm^3 Salmiakgeist zu.

Fleckenentfernung

619 Flecken, die von pflanzlichen Ölen oder Fetten herrühren, werden mit Entharzer entfernt. Mineralische Öle und Fette sind nicht verseifbar und müssen deshalb mit Lösungsmittel entfernt werden.
Kalk-, Gips- und Zementflecken lassen sich mit verdünnter Essigsäure entfernen. Anschließend muß mit reichlich Wasser nachgespült werden.

Achtung! Alle giftigen Substanzen niemals in Getränkeflaschen aufbewahren. Es gibt in Drogerien und Apotheken spezielle sechseckige Flaschen mit entsprechenden Etiketten für giftige Substanzen.

Biologische Wand- und Deckenfarben

620 Wer sich um eine Holzbehandlung ohne Gift und Kunststoffchemie bemüht, wird wahrscheinlich auch daran interessiert sein, verputzte oder tapezierte Wand- und Deckenflächen mit möglichst naturbelassenen Farben zu streichen. Die modernen Binder- und Latexfarben sind zwar leicht zu verarbeiten (gut deckend, so daß 1x streichen oft ausreicht) und pflegeleicht (abwaschbar), doch werden damit auch beträchtliche Mengen verschiedener Kunststoffe ins Haus gebracht, die die Feuchtigkeitsregulierenden Eigenschaften der Wandflächen und Tapeten beeinträchtigen, oft unangenehme Gerüche verbreiten (bei der Verarbeitung und auch später noch) und außerdem nicht gerade billig sind.

Auch wenn dieser Bereich nicht unmittelbar zum Thema Holzoberflächenbehandlung gehört, sollen für die Maler in Haus und Hof hier zwei alte und bewährte Rezepte für Wand- und Deckenfarben gegeben werden, die sich aus durchaus erhältlichen Zutaten leicht selbst anmischen lassen.

In alten Malerbüchern werden eine Vielzahl traditioneller Rezepturen und Arbeitstechniken für Wand- und Deckenanstriche beschrieben. Welche Qualitäten sich damit auch ohne Kunststoffe erreichen lassen, kann man an den Wandgestaltungen und - gemälden alter Kirchen und Schlösser bewundern. Die meisten dieser alten Techniken setzen einige Erfahrung im Umgang mit Pigmenten und Bindemitteln und ihrer Anwendung bei den verschiedenen Untergründen voraus.

Mit den hier beschriebenen Rezepten lassen sich vielleicht nicht die Spitzenqualitäten alter Meister erreichen, dafür sind sie einfach und für den Hausgebrauch allemal ausreichend und können mit etwas Geschick auch von Laien beherrscht werden.

Neben den angegebenen Rezepten zur Selbstherstellung der Farben, deren Zutaten in gut sortierten Malerbedarfsgeschäften erhältlich sind, werden von einigen biol. Fachfirmen auch z.T. recht teure Fertigprodukte angeboten.

Leimfarbe

621 Leimfarben, seit altersher bekannt, ergeben bei richtiger Ausführung einen beständigen, wischfesten Anstrich, der jedoch wasserlöslich (also nicht abwaschbar) und daher nur für den Innenbereich geeignet ist. Sie sind z.T. noch im Handel erhältlich (preiswert), und zwar als fertiges Pulver, das in Wasser angerührt wird und nach dem Aufquellen (am besten über Nacht) streichfertig ist.

Die Farbe kann mit trockenen Mineralfarbpigmenten (in Wasser eingesumpft) oder fertigen Abtönfarben beliebig getönt werden. Leimfarben ergeben einen gut diffusionsfähigen Anstrich, der in der Lage ist, kurzfristig Raumfeuchtigkeit aufzunehmen und abzugeben und dadurch ausgleichend auf das Raumklima zu wirken.

Herstellung der Leimfarbe:

Wer nicht auf ein fertiges Produkt zurückgreifen will, kann sich eine gute Leimfarbe nach folgendem Rezept auch selbst anmischen:

1. Als Bindemittel für die Farbpigmente wird der in jedem Farbengeschäft erhältliche Zelluloseleim (Glutinleim) so in Wasser angerührt, daß sich nach dem Quellen (über Nacht) ein dickflüssiger Leim ergibt. Die Mengenverhältnisse (Leim:Wasser) sind auf den Verpackungen angegeben.

2. Gleichzeitig wird der Farbbrei angesetzt: Für eine gut dekkende, weiße Farbe wird Kreide (Streckmittel) mit Titanweiß E oder Lithopone (Rotsiegel) (Farbpigment) etwa 50 : 50 gemischt und am Tag vor dem Streichen mit Wasser zu einem nicht zu dicken Brei angeteigt. Es empfiehlt sich, das nötige Wasser nach und nach beizugeben und den Brei gut durchzustampfen und zu rühren, bis alle Klumpen verschwunden sind.
Kreide, Titanweiß und Lithopone sind im Malerbedarf meist in 25 kg Säcken erhältlich. Wer auf Lithopone oder Titanweiß verzichten will (bei der Herstellung fällt Dünnsäure an, die heute noch einfach ins Meer gekippt wird, Umweltbelastung!), kann auch ausschließlich Kreide verwenden. Die Farbe erscheint dadurch im Eimer dunkler und nicht mehr so schön weiß, trocknet jedoch später beim Streichen noch hell auf. Die ausschließlich mit Kreide angesetzte Farbe hat jedoch eine geringere Deckkraft und erreicht auch mit Abtönfarben nicht so satte Tönungen.

Vor dem Streichen wird nun der angerührte Leim dem Farbbrei zugesetzt und gut durchgerührt. Dazu wird nach und nach gerade soviel Leim zugegeben, bis die Farbe nicht mehr klumpenförmig am Rührholz haftet sondern leicht abfließt. Vor dem Verarbeiten sollte die Farbe dann noch wenigstens 1 Stunde quellen.
Zur Kontrolle, ob der Ansatz richtig angemischt ist, macht man einen Probeanstrich. Die Farbe sollte beim Auftragen nicht schäumen, matt auftrocknen und wischfest sein. Wird der Anstrich nicht wischfest, fehlt Bindemittel (Leim), glänzt der Anstrich beim Überreiben, hat man zuviel Leim zugesetzt. Die Mengenverhältnisse (ca. 2 - 4 Teile Farbbrei auf 1 Teil Leim) sind jedoch nicht sehr kritisch.

Zu dickflüssige Farbe kann mit einer Mischung aus 3 Teilen Wasser mit 1 Teil Leim streichgerecht verdünnt werden.

Die fertige Leimfarbe wird mit der Rolle oder dem Pinsel (Deckenbürste) aufgetragen. Bei stark saugendem Untergrund (Putz) empfiehlt sich vor dem Deckanstrich eine Grundierung mit verdünntem Leim, bei Neuputz ergibt eine Grundierung mit Alaun (200 g Aluminiumkaliumsulfat auf 5 Liter Wasser) die besten Ergebnisse. Der Deckanstrich sollte dabei nicht länger als 6 - 8 Stunden nach der Grundierung erfolgen.

Alte, gut haftende und nicht zu dick aufgetragene Leimfarbenanstriche können einfach überstrichen werden, zu einer fachgerechten Verarbeitung gehört jedoch das Abwaschen des alten Anstrichs mit Wasser und Seife.

Kalkkaseinfarbe

622 Wie die Leimfarbe und übrigens alle anderen Farben wird auch die Kalkkaseinfarbe aus Farbbrei (Pigmente und Füllstoffe) und Bindemitteln hergestellt. Im Gegensatz zum Zelluloseleim besitzt der Kalkkaseinleim eine so starke Bindekraft, daß der damit hergestellte Anstrich nicht nur wischfest sondern weitgehend wasserunlöslich ist. Deshalb ist diese Farbe sowohl für den Innen- wie für den Außenbereich geeignet und kann auf die verschiedensten Untergründe: Stein, Putz, Holz, etc. gestrichen werden.

Herstellung der Kalkkaseinfarbe:

1. Der Kalkkaseinleim: wird am Tag vor dem Streichen aus magerem oder ganz entfettetem Quark (Kasein) und Kalkhydrat (= gelöschter Kalk) hergestellt. Dazu wird der Quark in einem geeigneten Gefäß (emaillierter Eimer oder Kunststoffeimer) zunächst glattgeschlagen, bis alle Klumpen aufgelöst sind. Unter ständigem Rühren wird dann auf 4 Teile Quark ca. 1 Teil Kalkhydrat hinzugegeben. Die Masse wird dadurch dünnflüssiger und nach weiterem Rühren entsteht ein gleichmäßiger, kleisterartiger, weißer Leim.
   Zur Kontrolle, ob genügend Kalk zugesetzt wurde, streicht man den fertigen Leim auf ein Glas und läßt ihn trocknen. Zeigt sich ein weißgraues, durchsichtiges Aussehen (wie Milchglas) war die Kalkzugabe richtig; ist das Aussehen gelbstichig, muß noch mehr Kalk zugegeben werden.

2. Für den Ansatz des Farbteigs verfährt man wie bei der Leimfarbe beschrieben: Anteigen von Kreide und Pigment (Titanweiß E für innen, Titanweiß A für außen oder Zinkweiß) in

Wasser und Rühren, bis der nicht zu dicke Brei keine Klumpen mehr enthält. Auch diese Farbe kann mit kalkechten Farbpigmenten (trockene Mineralfarben oder Abtönpasten) nach Wunsch getönt werden. Zum Quellen wird der Farbansatz über Nacht stehen gelassen und am nächsten Tag gut durchgerührt, bis die Farbpigmente gleichmäßig verteilt sind.

Erst dann kann der Kalkkaseinleim im Verhältnis 1 Teil Leim auf 4 Teile Farbansatz zugesetzt und verrührt werden. Da sich Kalkkaseinfarben leicht absetzen, ist auch während des Anstrichs regelmäßig umzurühren. Kalkkaseinfarbe darf nie mit Wasser sondern nur mit Leimwasser (1 Teil Kalkkasein auf 4 Teile Wasser) oder besser noch mit fettarmer Milch verdünnt werden. Auf Grund der Inhaltsstoffe ist die Farbe im Eimer nur begrenzte Zeit haltbar.

Der Anstrich wird zweimal ausgeführt: die Grundierung erfolgt mit verdünnter Farbe (mit fettarmer Milch verdünnen); nach der Trocknung erfolgt der Deckanstrich, wobei darauf zu achten ist, daß sich im Eimer kein Bodensatz bildet.

Holzbehandlung im Außenbereich

701 Holz im Außenbereich ist den Witterungseinflüssen ausgesetzt und wird dadurch besonders belastet.

Wird Holz z.B. der direkten Sonnenbestrahlung ausgesetzt, können an seiner Oberfläche Temperaturen bis zu 80 °C entstehen. Die Folge davon kann eine verstärkte Rißbildung sein, wobei die Risse wiederum eine Eiablage von Schadinsekten sowie die Wasseraufnahme des Holzes begünstigen. Und eine erhöhte Holzfeuchtigkeit bildet dann den Nährboden für holzzerstörende Pilze.

Aber auch UV-Strahlen zerstören das Holz. Das wasserunlösliche Lignin (110), die Kittsubstanz der Zellulosefasern, wird in wasserlösliche Komponenten gespalten. Die Holzstruktur verliert ihren Halt und wird ausgewaschen.

Und nicht zuletzt kann Holz bei direkter Bewitterung durch Regen durchnäßt werden und dadurch pflanzlichen und tierischen Schädlingen die Lebensgrundlage bieten.

Damit sind folgende Ansprüche an einen Witterungsschutz abzuleiten:

* Möglichst helle Holzoberflächen, um die Aufheizung durch die Sommersonne klein zu halten,
* Schutz vor UV-Strahlen, also eine Holzbehandlung, die die UV-Einstrahlung mindert und
* Schutz vor Wasseraufnahme .

Holz im Außenbereich wird im wesentlichen folgendermaßen geschützt:

702 * durch baulichen Holzschutz, d.h. alle Bauteile, die der Witterung ausgesetzt sind, müssen einschließlich ihrer Verbindungen und Anschlüsse so konstruiert sein, daß auftreffendes Wasser schnell abgeleitet wird. Zum konstruktiven Holzschutz gehört auch die Wahl des richtigen Holzes !
* durch chemischen Holzschutz. Zur Unterstützung (nicht als Ersatz !) des baulichen Holzschutzes ist in manchen Fällen ein chemischer sinnvoll.
* durch eine geeignete Oberflächenbehandlung. Sie soll die unkontrollierte Wasseraufnahme und eine übermäßige Aufheizung verhindern, sowie das Holz vor UV-Strahlen schützen.

Der bauliche Holzschutz

Der bauliche Holzschutz kann u.U. den chemischen ersetzen (aber nie umgekehrt!), wenn folgendes bei der Konstruktion der Bauteile beachtet wird:
* Holz muß genügend Abstand vom Erdreich haben, damit kein

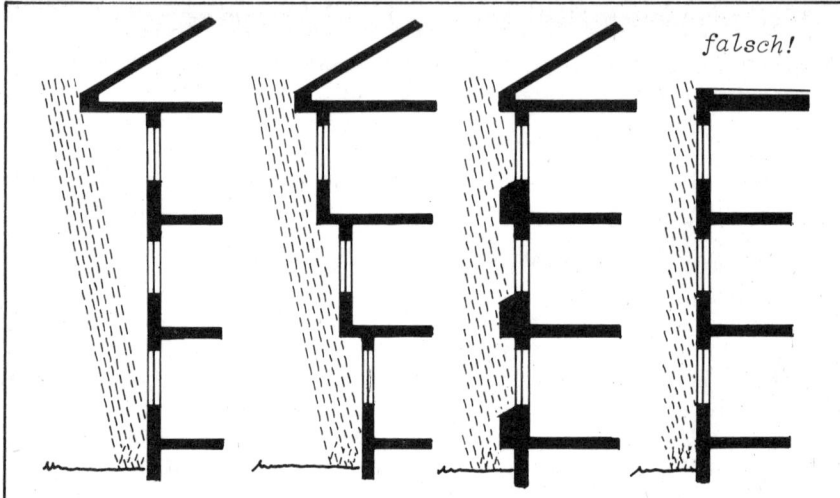

falsch!

Die direkte Bewitterung der Fassade durch Regen kann durch einen ausreichend großen Dachüberstand oder durch Vorsprünge in der Fassade vermieden werden.

Abb. 9

Spritzwasser an das Holz gelangen kann.
* Die Anschlüsse von Holz an andere Bauteile müssen so aus-
  gebildet sein, daß kein Wasser in das Holz eindringen kann.
  Holz soll wegen seiner Kapillarwirkung möglichst nicht an
  andere Werkstoffe stoßen.
* Hirnholz (102) darf nicht dem Regen ausgesetzt sein, da es
  verstärkt Wasser aufnimmt.
* Einbauten wie Fenster und Türen sollen nicht fassadenbündig
  eingesetzt werden, weil sie dadurch nur unzulänglich vor
  Witterungseinflüssen geschützt sind.
* Es darf nicht zu Kondenswasserbildung kommen. Deshalb müssen
  Außenverkleidungen aus Holz prinzipiell hinterlüftet werden.
* Alle, im Außenbereich sichtbaren Konstruktionshölzer sollten
  so schmal wie möglich gehalten werden.
* Wasser darf auf Holzflächen und in Holzkonstruktionen nicht
  stehenbleiben.
* Dringt dennoch Feuchtigkeit in Holz ein, so muß es schnell
  wieder abgeführt werden können, deshalb nicht rundherum
  dampfdichte Anstriche verwenden.
* Alle der Witterung ausgesetzten Bauteile sollten so angebracht werden, daß sie nachbehandelt werden können.
* Kanten und Ecken sollten leicht abgerundet werden, damit
  hier die Anstrichschicht so dick wie an den übrigen Flächen
  wird und so das Holz besser schützt.

Nicht maßhaltige Bauteile:

703 Nicht maßhaltige Bauteile sind z.B. Außenverbretterungen,
Fachwerk, Traufbretter und Schlagläden. Im Gegensatz zu maßhaltigen Bauteilen wie z.B. Fenster, behindert hier das Arbeiten des Holzes (115) nicht seine Funktionsfähigkeit (dadurch auftretende Fugen können allerdings Probleme schaffen).

Außenverbretterungen

Grundsätzlich ist eine vertikale Anordnung der Bretter zu
empfehlen, weil dann das Wasser besser abgeleitet werden kann.
Die rechte Seite (118) der Bretter sollte dabei nach außen
zeigen, dies gilt insbesonders für Stülpschalungen.
Bei starker Beanspruchung sind nach Möglichkeit Bretter mit
stehenden Jahresringen (117) zu verbauen.
Bei vertikaler Anordnung sollte besonders auf einen Schutz der
Hirnenden geachtet werden (102), die, wenn sie bis unter den
Dachüberstand gehen, in der Regel geschützt sind. Schwieriger
wird es, wenn wegen der Höhe der Verbretterung die Bretter
angesetzt werden müssen. Dann ist es notwendig, eine Verbindung zu schaffen, bei der das Hirnholz vor Durchfeuchtung
geschützt ist (siehe Abb. 10).

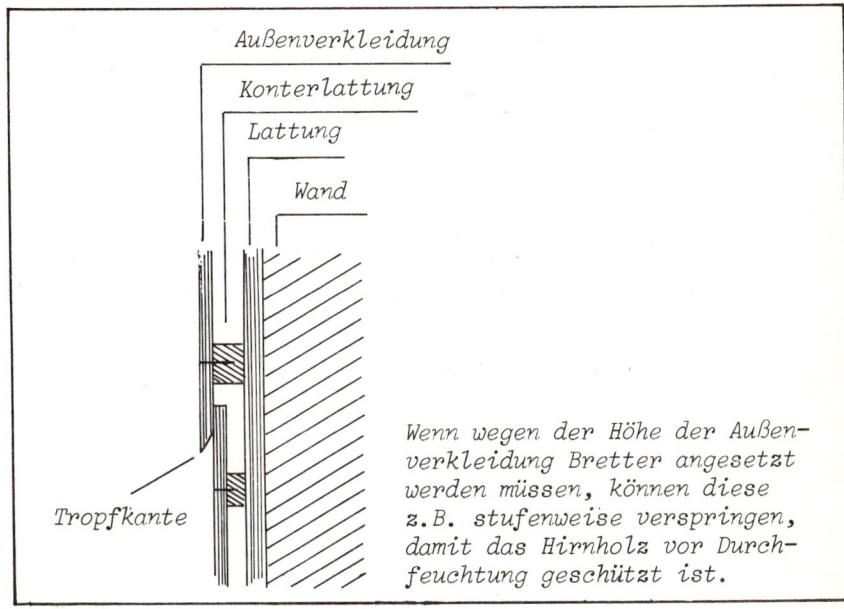

Außenverkleidung

Konterlattung

Lattung

Wand

Tropfkante

Wenn wegen der Höhe der Außenverkleidung Bretter angesetzt
werden müssen, können diese
z.B. stufenweise verspringen,
damit das Hirnholz vor Durchfeuchtung geschützt ist.

Abb. 10 Konstruktionsdetail vertikaler Verkleidungen

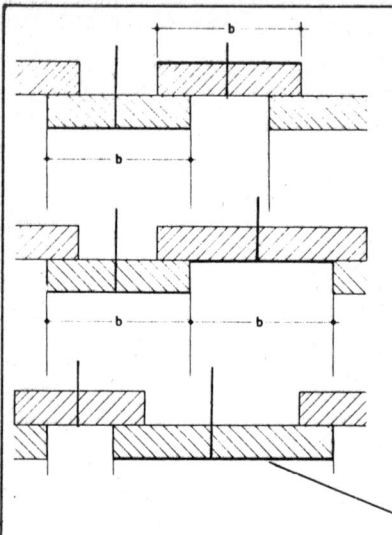

Bei Außenverkleidungen mit Glattkantbrettern (Boden-Deckel-Schalung) sollte immer die rechte Seite des Brettes (die der Stammmitte zugewandten Seite) nach außen angeordnet werden. Um ein "Arbeiten" des Holzes so weit wie möglich einzuschränken, sollte die Brettstärke 21 mm betragen und die Breite nicht mehr als 12 cm. Auch die Anwendung sägerauhen Holzes ist möglich.

rechte
Brettseite

Außenverkleidung mit
Profilbrettern

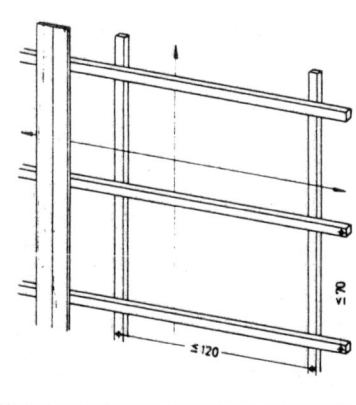

Mögliche Unterkonstruktion aus Lattenwerk (24 x 48 o. 30 x 50 mm) für vertikale Außenverkleidungen. Die Außenverkleidungen müssen vollflächig hinterlüftet sein.

Abb. 11 Vertikale Außenverkleidung
      Quelle: Arbeitsgemeinschaft Holz eV.

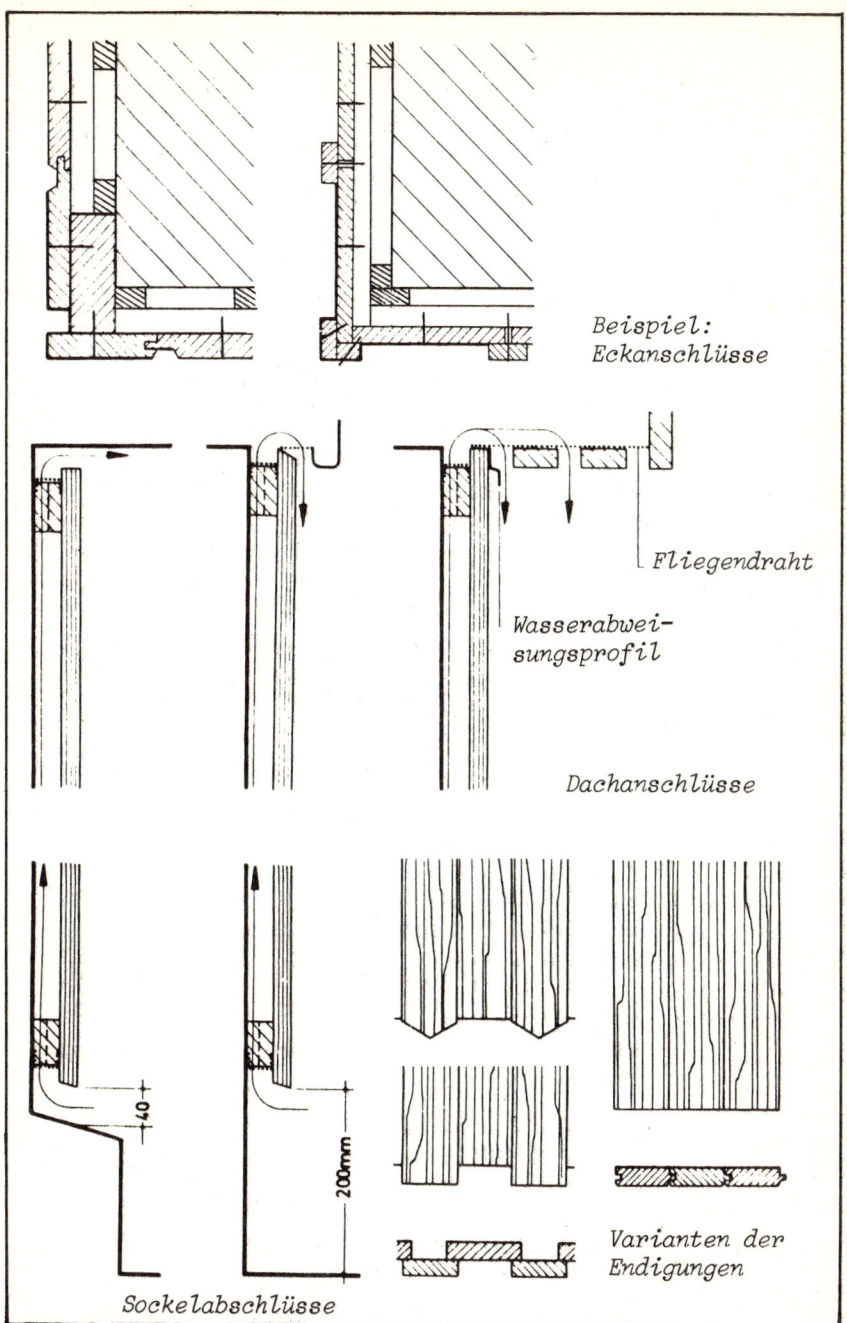

Beispiel:
Eckanschlüsse

Fliegendraht

Wasserabwei-
sungsprofil

Dachanschlüsse

Varianten der
Endigungen

Sockelabschlüsse

Abb.12 Konstruktionsdetails für vertikale Verkleidungen
Quelle: Arbeitsgemeinschaft Holz e.V.

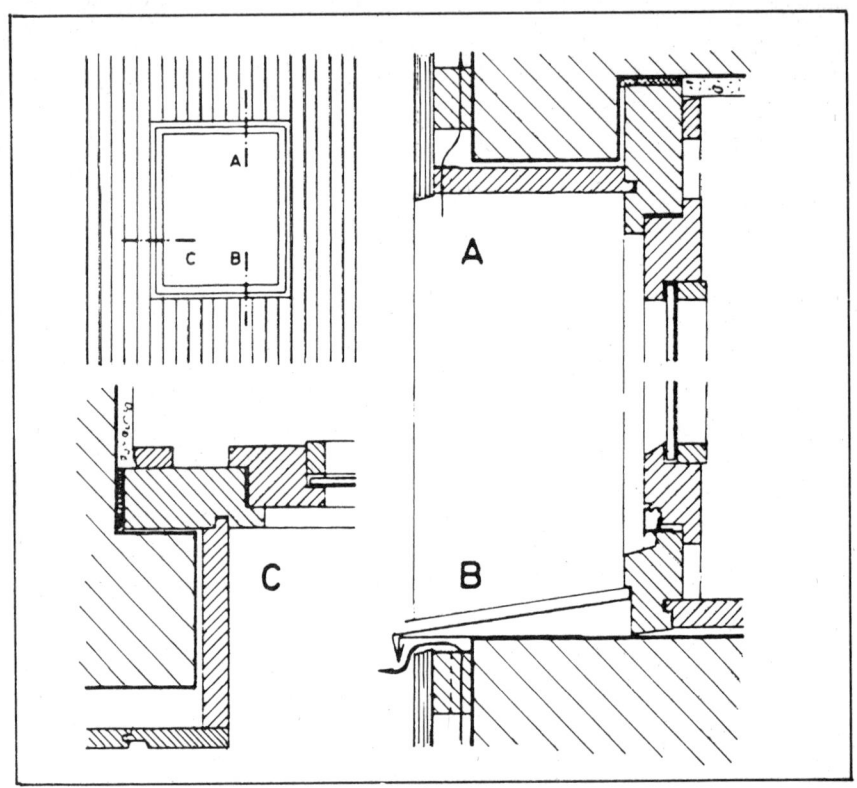

Abb.13 Konstruktionsdetail Fensteröffnung (Beispiel)
Quelle: Arbeitsgemeinschaft Holz e.V.

Vertikale Holzverkleidungen sind mit Nut- und Federbrettern
möglich, aber auch als Boden-Deckelschalung mit versetzt ge-
nagelten Brettern (hierfür sind auch Schwartenbretter (116)
geeignet).
Bei horzontalen Holzverkleidungen (Stülpschalung oder Profil-
holzverbretterung) muß besonders auf den Übergang von Brett
zu Brett geachtet werden, damit kein Wasser in die Fugen
eindringen kann (Abb. 11).
Auch die Eckanschlüsse sollten sorgfältig ausgeführt werden,
(Abb. 12).
704 Die Außenverkleidungen müssen vollflächig hinterlüftet sein,
damit eindiffundierendes Wasser wieder abgeführt werden kann.
Auch im Bereich von Fassadeneinschnitten wie Türen und Fenstern darf diese Hinterlüftung nicht unterbrochen werden
(Abb. 13 und 15).Durch einen Luftzwischenraum zwischen Verbret-

terung und Hauswand bzw. Außendämmung, und entsprechenden Öffnungen am unteren und oberen Ende der Verbretterung, sorgt ein ständiger Luftstrom für die Abfuhr allen Wassers. Der Luftzwischenraum zwischen Verbretterung und Wand sollte dabei mindestens 2,5 cm, die Lüftungsöffnungen oben und unten 0,2% der Wandfläche betragen. Es ist zu empfehlen, an den Lufteintritts- und Luftaustrittsöffnungen Fliegendraht zu befestigen, um das Eindringen von Insekten und Mäusen zu verhindern. Damit wird auch ein Insektenbefall durch holzzertörende Schädlinge an der Unterkonstruktion und an der Rückseite der Verkleidung so gut wie ausgeschlossen .

Holzverkleidungen dürfen zum Schutz gegen Spritzwasser und sonstiger Durchfeuchtung keine Bodenberührung haben (Abstand vom Boden mindestens 20 cm, besser mehr), die untere Kante vertikaler Verkleidungen ist unter 60° zu hinterschneiden, so daß eine Tropfkante entsteht.

Unverzinkte Schrauben oder Nägel sollten nur bei verdeckter Befestigung der Bretter verwendet werden, da sonst unschöne Roststellen auf dem Holz entstehen.

Nicht unerwähnt bleiben sollte auch die - allerdings recht kostspielige - Möglichkeit, eine Fassade mit Holzschindeln zu verkleiden.

Am besten geeignet sind hierfür Schindeln aus sehr widerstandsfähigem Holz, wie z.B. Red Cedar. Gespaltene, besonders handgespaltene Schindeln sind dauerhafter als gesägte. Schindeln müssen sich in die landschaftlichen und architektonischen Gegebenheiten einpassen, und sind vor allem dort sinnvoll, wo nur kleine und verwinkelte Flächen verkleidet werden sollen, oder aber runde bzw. gebogene Flächen.

Schindeln brauchen in der Regel weder einen Holzschutz noch eine Holzoberflächenbehandlung.

Wer sich eingehender mit Außenverkleidungen beschäftigen möchte, dem sei das Heft "Außenverkleidungen für Baufachleute" aus der Reihe Informationsdienst Holz zu empfehlen, das kostenlos bei der Arbeitsgemeinschaft Holz e.V., Füllenbachstr.6, 4 Düsseldorf 30, angefordert werden kann.

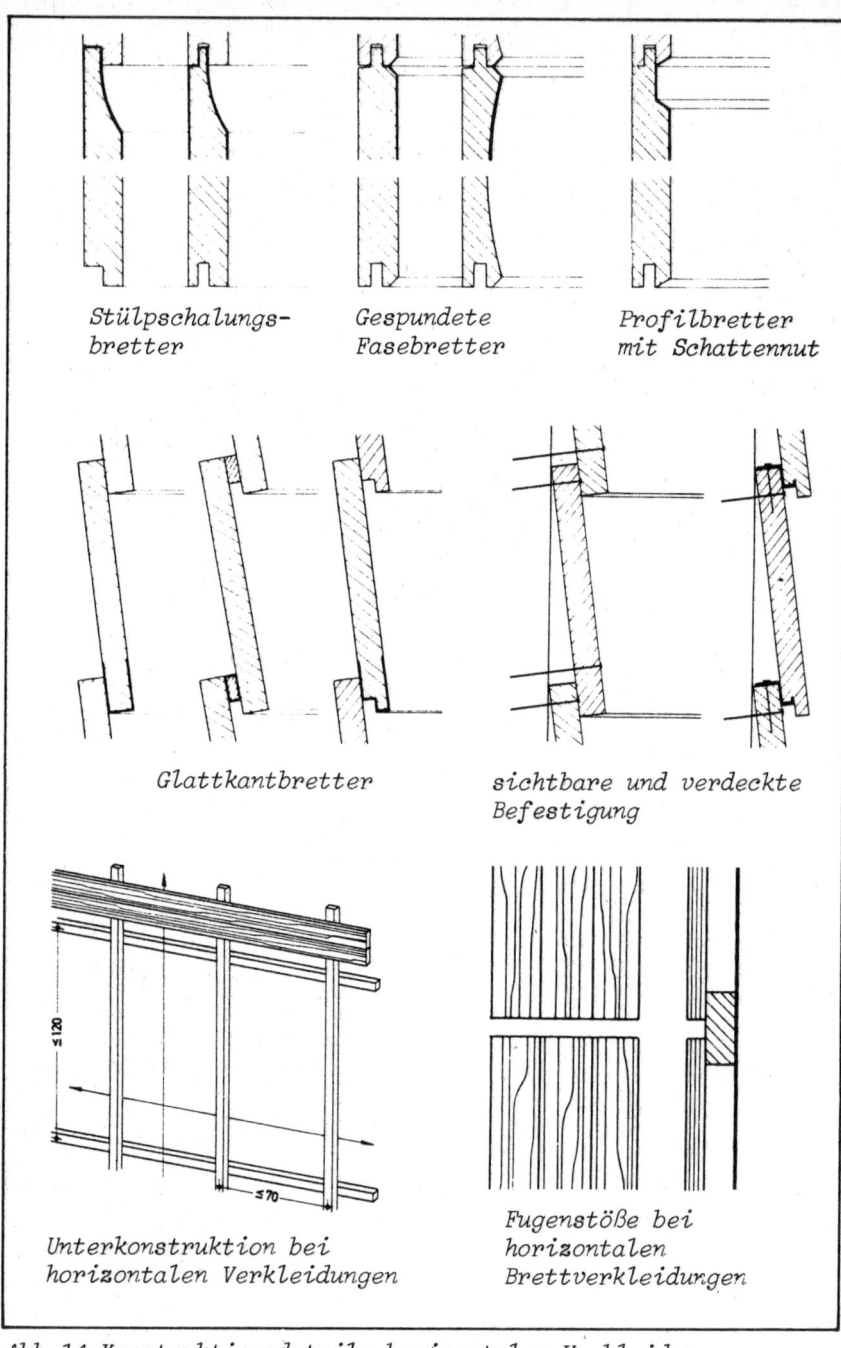

Stülpschalungs-
bretter

Gespundete
Fasebretter

Profilbretter
mit Schattennut

Glattkantbretter

sichtbare und verdeckte
Befestigung

Unterkonstruktion bei
horizontalen Verkleidungen

Fugenstöße bei
horizontalen
Brettverkleidungen

Abb.14 Konstruktionsdetails horizontaler Verkleidungen
Quelle: Arbeitsgemeinschaft Holz e.V.

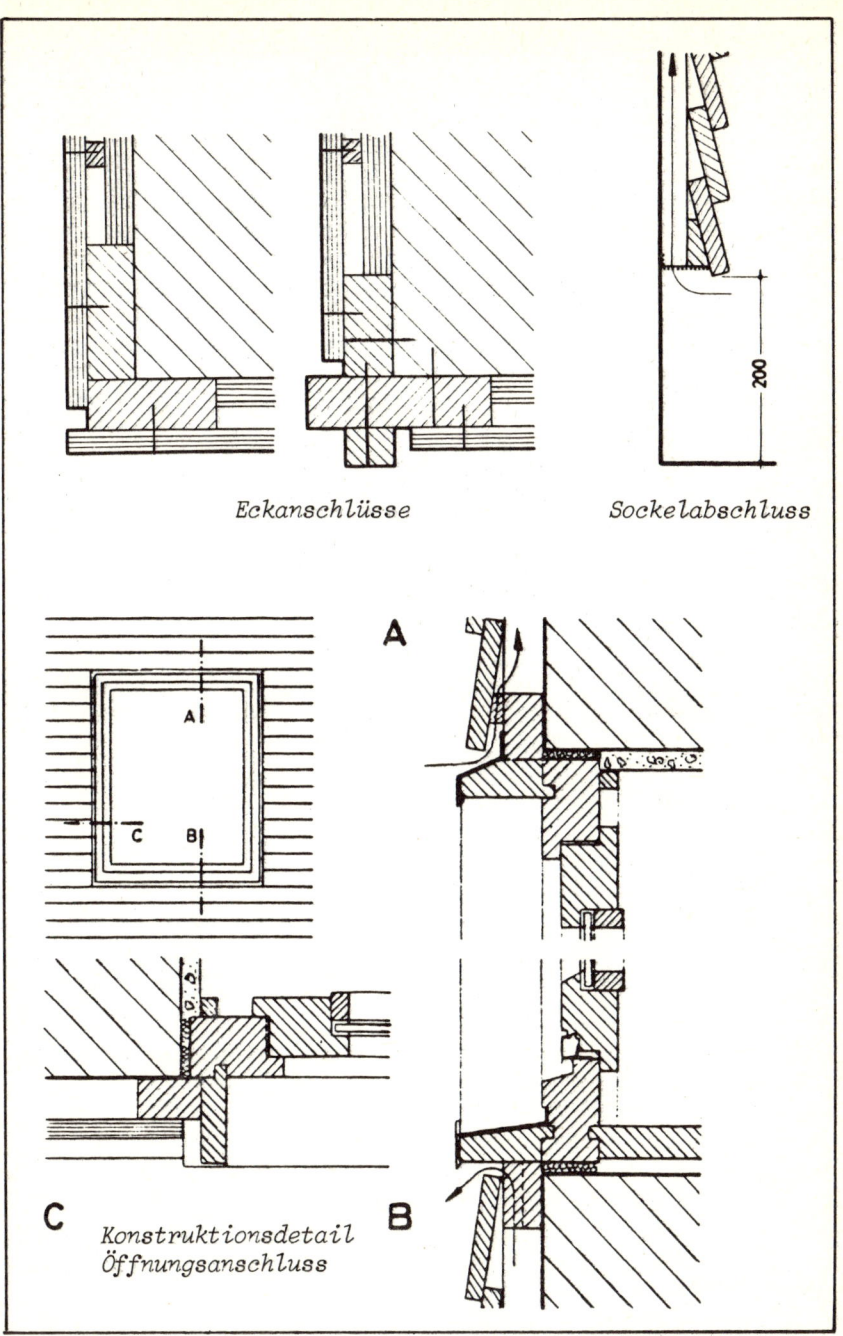

Eckanschlüsse   Sockelabschluss

Konstruktionsdetail
Öffnungsanschluss

Abb. 15 Konstruktionsdetails horizontaler Verkleidungen
Quelle: Arbeitsgemeinschaft Holz e.V.

Holzschutz bei nicht maßhaltigen Bauteilen

705   Eine richtige Konstruktion der Bauteile vorausgesetzt, ist gewöhnlich auch im Außenbereich ein chemischer Holzschutz überflüssig.

Mit einem Befall durch Pilze ist nicht zu rechnen, denn auch hier liegt die Holzfeuchte unter 18%, wobei Ausnahmen immer auf falscher Konstruktion oder mangelnder und/oder falscher Oberflächenbehandlung beruhen.

Die Gefahr eines Befalls durch Insekten ist ebenfalls gering, wenn die Oberfläche des Holzes mit einer lasierenden oder deckenden Schicht so abgedeckt ist, daß keine Risse oder Poren zur Eiablage vorhanden sind.

Zur Vorsicht kann aber ohne weiteres mit Borax (318) oder einem biologischen Imprägniermittel (319) vor der Oberflächenbehandlung des Holzes gestrichen werden.

Mit Borax wird eine 8 - 10% ige Lösung in heißem Wasser hergestellt, die möglichst heiß verarbeitet werden sollte (am besten ist ein zweimaliger Anstrich).

Achtung! Borax ist nicht wasserfest. Im Außenbereich muß deshalb auf alle Fälle noch eine Behandlung mit einem Oberflächenmittel erfolgen!

Borax - Imprägniermittel, wie sie biol. Fachfirmen anbieten, sind gewöhnlich Emulsionen auf Boraxbasis, die lösungsmittelfrei und mit Wasser verdünnbar sind. Der Vorteil gegenüber einer einfachen Boraxlösung liegt darin, daß sie wasserfest auftrocknen. Dafür sind sie auch wesentlich teurer.

Als dritte Möglichkeit, das Holz zu schützen, bietet sich die Rindenimprägnierung (613) an.

Wie alle wasserlöslichen Holzschutzmittel eignen sich diese drei auch zur Behandlung von frischem, feuchten Bauholz.

Wer nur den amtlich zugelassenen Mitteln traut, der nehme ein Produkt aus der Klasse der Bor-Salze (313), die im wesentlichen die selben Vor- und Nachteile wie die Behandlung mit einer Borax-Lösung haben.

Wird Auswaschbeständigkeit angestrebt, dann bieten sich als amtlich zugelassene Mittel die Salze der CKB-Klasse (314) an. Sie sind zumeist farbig und nur auswaschbeständig, wenn genau nach Angaben der Hersteller gearbeitet wird.

Eine Behandlung der Bauteile mit Holzschutzmittel ist in jedem Falle vor der Montage zu empfehlen, damit auch später unzugängliche Stellen (Nuten etc.) erreicht werden können.

Schlagläden:

Auch hier ist erst einmal die richtige Konstruktion für die Haltbarkeit eines Schlagladens entscheidend. Um an den kri-

tischen Stellen so wenig Fugen wie möglich zu haben, sind
Schlagläden oben nicht geschlitzt, sondern erhalten einen
durchgehenden Fries (Abb. 16).
Werden Schlagläden in die Fensternische eingeschlagen, so
sind sie zumindest bei geschlossenem Zustand recht gut geschützt. Nicht schlecht ist ein kleines Dach über den Fenstern, um sie selbst sowie die Schlagläden nicht völlig der
Witterung auszusetzen. Aufschlagende Fensterläden werden wie
nicht maßhaltige Bauteile behandelt (705,801). Dichtschlie-
ßende Läden, die wie ein Fenster in einen Rahmen einschlagen, sind auch wie Fenster zu behandeln (902,903).

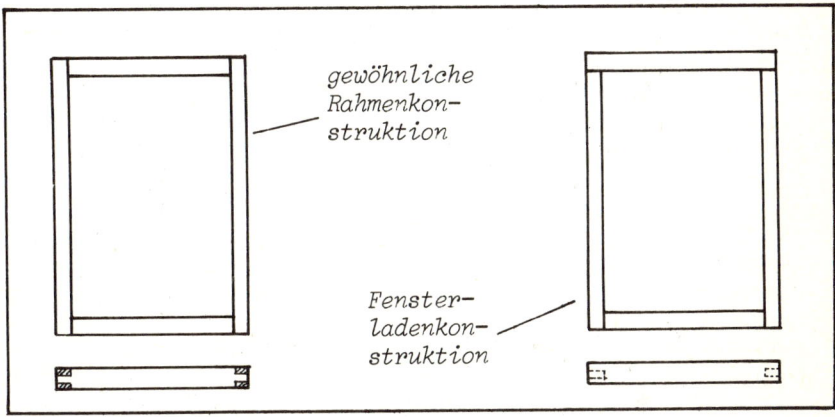

Abb.16   Schlagladen

Holzoberflächenbehandlung im Außenbereich

801   Holz im Außenbereich kann mit synthetischen oder natürlichen
      Produkten oberflächenbehandelt werden. Die Haltbarkeit des An-
      striches hängt dabei nicht nur von der Art des Oberflächenmit-
      tels ab, sondern auch ganz wesentlich von der Qualität des Un-
      tergrundes, der Farbe und der Sorgfalt bei der Verarbeitung.
      Nachfolgend ein Überblick, mit welchen Standzeiten bei ver-
      schiedenen synthetischen Oberflächenprodukten und direkter
      Außenbewitterung gerechnet werden können:
      * Imprägnierlasuren   1 - 2 Jahre
      * Dickschichtlasuren   2 - 3 Jahre
      * Dispersionslackfarben   3 - 5 Jahre
      * Alkydharz - Lackfarben   5 - 10 Jahre

802 Imprägnier- und Dickschichtlasuren:

Üblich ist heute eine Behandlung nicht maßhaltiger Bauteile
mit Lasuren, die in der Regel der Klasse der Imprägnier- oder
Dünnschichtlasuren zugeordnet sind.
Die Lasuren wurden ursprünglich aus Holzschutzmitteln entwickelt. Diese bekamen Zusätze in der Form von Bindemitteln,
Kunstharzen, Pigmenten und zum Teil auch Wachsen. Je nach Anteil der Bindemittel wird die Oberfläche mehr imprägniert
(d.h. die Lasur dringt in das Holz ein), oder stärker ober-
flächenbeschichtet. Es gibt keine scharfe Trennung zwischen
den stärker imprägnierenden und den stärker filmbildenden
Lasuren. Manche Firmen nennen ihre stärker filmbildenden Lasuren "Lacklasur" oder "Dickschichtlasur" (414).
Da die Lasuren, die aus Holzschutzmitteln entwickelt wurden,
insektizide und fungizide Zusätze haben, erübrigt sich hier
eine vorhergehende Behandlung des Holzes mit einem Holzschutzmittel. Wie schon verschiedentlich erwähnt, haben jedoch diese Lasuren Zusätze von organischen Lösungsmitteln,die giftig
sind. Deshalb sollten besser wasserlösliche Lasuren verwendet
werden, die lösungsmittelfrei sind und keine fungiziden und
insektiziden Eigenschaften haben (zum Schutz des Holzes kann
ja auch mit einer Boraxlösung oder -emulsion bzw. mit Bor-
Salzen vorbehandelt werden). Denn wie oben zu sehen ist, haben
gerade die Imprägnierlasuren sehr kurze Standzeiten, das Holz
muß also relativ oft nachbehandelt werden, wobei die in den
Mitteln enthaltenen Schadstoffe , die zudem nur schwer abbaubar sind, dann unweigerlich die Umwelt belasten.
Bei vorheriger Behandlung mit einem Holzschutzmittel sollte
die Verträglichkeit zwischen Lasur und Holzschutz an einem
Probestück geprüft werden. Außerdem ist zu empfehlen, pigmen-
tierte Lasuren zu verwenden, um die UV-Einstrahlung in das Holz
zu mindern (701).

803 Dispersions- und
804 Alkydharzlackfarben:

Grundsätzlich gilt hier das bereits beim Holzschutz im Innenbereich gesagte (409). Sie werden im Außenbereich hauptsächlich
für die Behandlung maßhaltiger Bauteile (Fenster, Türen, etc.)
eingesetzt und müssen dementsprechend diffusionsfähig und UV-
lichtbeständig eingestellt sein. Deshalb läßt sich nicht jede
Farbe für innen auch außen anwenden. Bei nicht maßhaltigen Bauteilen ist die Anwendung von Lackfarben nicht üblich, da die
Anforderungen an den Untergrund und die Verarbeitung hoch und
sie dementsprechend teuer sind.

Oberflächenbehandlung mit Leinölfirnis:

805   Holz im Außenbereich kann auch durch Öle wetterfest gemacht
werden. Eine Behandlung mit Leinölfirnis (420) ist nicht nur
wenig arbeitsaufwendig und preiswert, sondern auch umwelt-
schonend. Allerdings ist ein solcher Anstrich nicht sehr
wetterfest und muß deshalb in regelmäßigen (relativ kurzen)
Zeiträumen wiederholt werden.
Vor dem Behandeln mit Leinölfirnis kann das Holz auch gebeizt
werden, z.B. mit Rindenbeizen (612), um die UV-Einstrahlung
auf das Holz zu mindern (außerdem haben Rindenbeizen
fungizide und insektizide Eigenschaften).
Der nächste Schritt ist ein Voranstrich mit Halböl (429) -
50% Leinölfirnis und 50% Balsamterpentin - der satt einge-
pinselt wird (auch hier wieder allen Überschuß mit einem
Leinen- oder Baumwollappen entfernen). Anschließend wird
Leinölfirnis aufgebracht, das zu einem Drittel mit Balsamterpentin verdünnt ist. Auch hier sollte kein Überschuß auf
der Fläche stehen bleiben.
Zur Beachtung: Wird das Holz nicht vorher gebeizt, dann ist
es zu empfehlen, pigmentiertes Leinölfirnis (610) zu verarbeiten, wobei eine helle Pigmentierung besser ist als eine
dunkle, besonders auf der Südseite des Hauses.
Preis pro m^2 Oberflächenbehandlung ca 1,- DM

806   **Oberflächenbehandlung mit Naturharzlasuren und -lacken:**

Ebenso wie mit synthetischen Lasuren kann man das Holz im Außenbereich mit Naturharzlasuren behandeln. Diese sind einfach zu
verarbeiten (Streichen, Rollen oder Spritzen) und recht lange
haltbar. Neben den farblosen Produkten, die mit Erd- oder Mineralfarben (610) nach eigenen Wünschen abzutönen sind, gibt es
auch schon farbige Fertigprodukte.

Zur Vorsicht kann man auch vorher mit Borax (318) oder einer
Boraximprägnierung (319) behandeln.

Die Naturharzlasuren sind allerdings nicht billig und stellen
die teuerste Möglichkeit der biologischen Holzbehandlung im
Außenbereich dar. Wenn allerdings keine sehr großen Flächen behandelt werden, ist der Preis von 5,- bis 10,- DM/m^2 noch durchaus akzeptabel.

807   **Oberflächenbehandlung mit Pech und Holzteer:**

Schon im Altertum wurden Hölzer im Außenbereich mit Pech behandelt. Es ist ein gutes und preiswertes Mittel zur Behandlung

von Außenverbretterung und Fachwerk. Aufgrund seiner dunklen Farbtönung ist auf der Südseite allerdings wegen der starken Aufheizung der Oberfläche Vorsicht angebracht.

Holzteer wird neben Holzessig und Holzkohle bei der trockenen Destillation von Holz (besonders Buche) gewonnen. Holzteer verbreitet einen sehr starken und anhaltenden Geruch und ist vor allem für feuchtigkeitsgefährdete Hölzer geeignet, jedoch nicht für den Innenbereich (Zäune,usw., auch bei Kontakt zum Erdreich). Es ist auch ein gutes Mittel zum Behandeln von Schuppen und Scheunen. Auch Mischungen aus Leinölfirnis und Holzteer sind möglich.

Pech und Holzteerimprägnierungen sind einfach zu verarbeiten (mehrmals streichen), wirken fungizid und insektizid und sind als Fertigprodukte bei den biol. Fachfirmen und im Chemiehandel erhältlich. Preis pro m^2 Oberflächenimprägnierung ca. 2 - 4,- DM

Oberflächenbehandlung mit Soda- und Pottaschenlauge:

808 Im österreichischen Brixental gibt es über 600 Jahre alte Holzhäuser ohne jegliche Fäulnisbildung, die - als einzige Holzbehandlung - seit Jahrhunderten nur regelmäßig mit Soda- bzw. Pottaschenlaugen abgelaugt werden. Der Nutzeffekt dieser Laugen liegt im wesentlichen darin, daß dem Holz Inhaltsstoffe entzogen werden, zudem wirken die Laugen entharzend. Die Behandlung ist zwar etwas arbeitsaufwendig, aber einfach durchzuführen, die Laugen sind preiswert und ökologisch und zeigen gute Erfolge.
* Soda ist Natriumkarbonat ($Na_2 CO_3$). Es liegt als Salz vor. Davon wird eine wässrige Lösung (die Lauge) hergestellt, die basische Eigenschaften hat. Die Sodalösung ist klar, ggf. besteht die Möglichkeit, sie mit Pflanzenfarben und -extrakten abzutönen.
* Pottasche gibt es in zwei Formen, die ebenfalls in Wasser gelöst werden:
  - als reines Kaliumkarbonat ($K_2 CO_3$) oder
  - aus Holzasche gewonnen (ca. 96% $K_2 CO_3$, 4% sonstige Holzinhaltsstoffe).

Bei einer Behandlung mit Laugen bleiben Struktur und Maserung des Holzes erhalten. Bei einem Lasuranstrich z.B. wird mit der Zeit durch die immer wiederholte Behandlung die Struktur des Holzes verdeckt. Das ist beim Ablaugen nicht der Fall, das Holz wird nur leicht dunkler.
Je nach Bedarf und Lage des Hauses muß alle 2 - 3 Jahre nachbehandelt werden. Bei extremen Bedingungen kann der Zeitraum auch bei einem oder vier Jahren liegen. Liegt die erste

Behandlung im Herbst, wird die Tönung des Holzes am schönsten.
Ein Vorteil des Ablaugens im Vergleich zu anderen Anstricharbeiten ist auch, daß kein Voranstrich notwendig ist, die Lauge wird - so heiß wie möglich - mit einer Wurzelbürste einfach auf das rohe Holz kräftig eingebürstet (Vorsicht: herunterlaufende Lauge verschmutzt Außenverputze). Nach kurzem Eintrocknen der Lauge wird dann mit kaltem Wasser nachgespült. Da Laugen ätzen, sollten bei der Arbeit Gummihandschuhe getragen werden, sowie geeignete Kleidung und eine Schutzbrille.
Soda kann für wenig Geld in Apotheken, Drogerien oder im Chemikalienhandel gekauft werden, nachfolgend einige Rezepte zum Selbstherstellen der Laugen.

Herstellung der Sodalauge:

809   Eine 5%ige Lösung wird hergestellt, indem pro 5 l heißes
Wasser 250 g Soda eingerührt werden. Das Wasser wird dann
aufgekocht und die Lösung so heiß wie möglich verarbeitet.
Eine leichte Farbtönung wird durch die Beigabe von Zitronenschalen erreicht (pro 5 l Wasser eine Zitronenschale für
15 Minuten in der Lösung kochen), oder indem Zwiebelschalen
mitgekocht werden.

Herstellung der Pottaschenlauge:

2,5 l Fichtenasche pro 5 l Wasser werden 15 Minuten lang gekocht. Nach dem Abkühlen wird die Lauge abgeschöpft und gefiltert. Man erhält eine klare, leicht gelbliche Flüssigkeit, die wieder erhitzt und heiß verarbeitet werden sollte.
Auch die Pottaschenlauge kann wie die Sodalauge mit Zwiebel- oder Zitronenschalen getönt werden. Die Schalen werden einfach beim ersten Aufkochen vor dem Filtern 15 Minuten lang mitgekocht.

Zuletzt noch ein altes Rezept aus Österreich:
60 l Wasser, 1 kg Soda, 2 kg Holzasche und 250 g Kernseife
werden aufgekocht und heiß auf das Holz aufgetragen.

Das Ablaugen des Holzes scheint für viele Anwendungsfälle die beste Behandlungsmethode für nicht maßhaltige Bauteile zu sein, dennoch abschließend einige Bemerkungen hierzu:
* Die Holzhäuser in Österreich blieben nur dort von Fäulnis verschont, wo der bauliche Holzschutz ausreichend war. Alle Häuser haben z.B. große Dachüberstände und Hirnhölzer sind in der Regel mit Brettern verdeckt.
* Es muß davon ausgegangen werden, daß nur qualitativ gutes Holz verwendet wurde, das im Winter geschlagen wurde. (126)

* Die meisten dieser Häuser liegen in etwas höheren Gegenden, zumindest nicht im Flachland. Es kann durchaus sein, daß sich das Ablaugen in anderen Klimazonen (Niederungen in Norddeutschland) nicht bewährt.

Dennoch sollte einem Versuch nichts im Wege stehen, zumal sich auf abgelaugtes Holz (fast) jeder andere Anstrich aufbringen läßt!

Das Behandeln der Konstruktionshölzer

810 Sichtbare Hölzer im Außenbereich wie z.B. Fachwerk, Stützen von Balkonen etc. werden im wesentlichen wie Außenverkleidungen (705) behandelt. Weil der Wert der Konstruktion sehr groß und die Flächen klein sind, ist in jedem Falle eine Imprägnierung mit Holzschutzmittel (Borax, B-Salze etc.) zu empfehlen. Zur Behandlung von Fachwerk ist auch Holzteer oder Pech (807) geeignet (nicht für Südfassaden). Desweiteren hat sich auch folgender Anstrich bewährt: Holzteer, Balsamterpentinöl und Leinölfirnis im Verhältnis 1 : 2 : 1.
Bei akutem Pilzbefall am Fachwerk kann mit Holzessig (320) behandelt werden. Wichtig ist auch hier, das Holz trocken zu legen, denn oft sind z.B. vorspringende Mauersockel der Grund für Pilzbefall an den Schwellhölzern. Hier muß zunächst einmal dafür gesorgt werden, daß auftreffendes Wasser gut ablaufen kann. Eine Möglichkeit besteht in dem Einschlagen eines Bleches, eine andere in einer Aufputzung des Mauersockels. In jedem Falle muß der Übergang von Fachwerk zu Blech/Putz so gestaltet werden, daß kein Wasser in die Fuge eindringt. Zu-

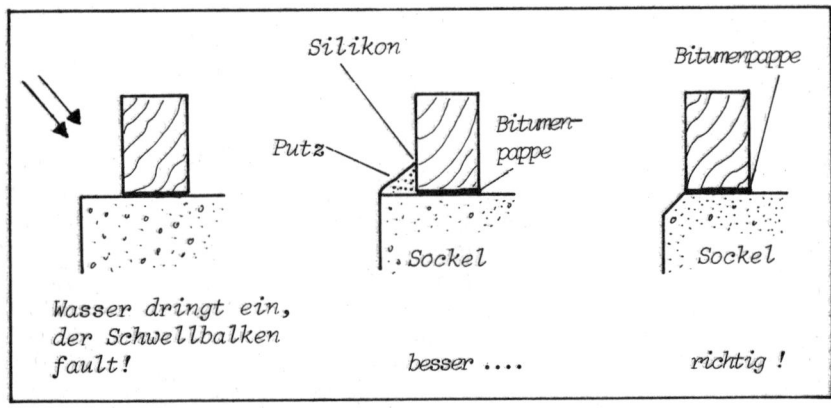

Abb.17 Schwellbalken auf Sockel

sätzlich kann die Fuge mit Silikon ausgespritzt werden (dies müßte bei einer öligen Behandlung des Fachwerkes vorher geschehen, da sonst das Silikon nicht haftet).
Es ist besonders darauf zu achten, daß sich an Balkenstößen keine Fugen bilden, in die Wasser eindringen kann, und daß die Übergänge von Holzbalken zu Gefach gut abgedichtet sind.

Dachbalkenenden:

811   Da bei Dachbalkenenden, die aus dem Dach herausragen, eine Möglichkeit des Befalls durch Insekten besteht, sollte das Holz mit einem Holzschutzmittel (Borax oder B - Salze) imprägniert werden. Risse, die an der Witterung ausgesetztem Holz nachträglich entstehen, sollten gut nachgearbeitet werden. Hier ist zu überlegen, das Holz zusätzlich mit einer Lasur zu schützen.

Holzzäune:

812   Für Zäune und ähnliche Bauteile bietet sich eine Behandlung mit Holzteer oder Pech (807) an.Die Hirnholzflächen sollten abgeschrägt, und am besten noch mit einem Brettchen verdeckt

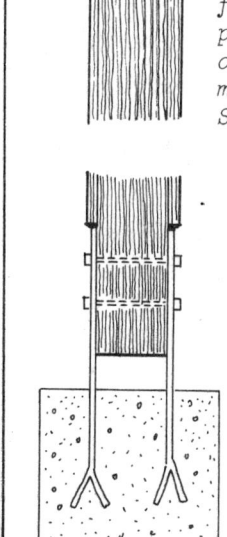

Bei einfacheren Holzteilen wie Zaunpfählen, Pergolastützen usw. können Hirnholzflächen durch Abschrägen und mehrmaligem porenfüllenden Anstrich geschützt werden, oder aber indem die Hirnholzflächen z.B. mit Zinkblech oder witterungsbeständigem Sperrholz abgedeckt werden

Holzstütze auf Punktfundament. Die Verankerung kann in verschiedenen Formen gekauft, oder aus Flacheisen selbst hergestellt werden. Der Balkenfuß muß allseitig von Luft umspült werden können, deshalb sollte der Abstand zwischen Holzstütze und Punktfundament mindestens 5 cm betragen.

Abb.18 Konstruktiver Holzschutz: Details

werden. Bei Erdkontakt des Holzes ist es gut, diesen Teil vorher im Feuer oder mit dem Lötkolben anzukohlen. Soll die Konstruktion lange halten, sind Punktfundamente (50-80 cm tief) vorzuziehen. Die Balken werden dann ohne direkten Kontakt mit dem Fundament auf Eisen gesetzt.

Maßhaltige Bauteile

901 Unter maßhaltigen Bauteilen werden z.B. Fenster und Türen verstanden, also Bauteile, die sehr maßgenau gearbeitet sein müssen, um ihrer Funktion (Öffnen und Schließen, Dichtigkeit gegen Regen und Wind) nachkommen zu können.
Hier muß der Feuchtigkeitsaustausch zwischen Luft- und Holzfeuchte gebremst werden, um ein zu starkes Arbeiten des Holzes (115) zu verhindern.
Gerade auch für die maßhaltigen Bauteile ist der konstruktive Holzschutz überaus wichtig und kann in keinem Falle durch einen chemischen ersetzt werden. Der konstruktive Holzschutz beginnt z.B. damit, daß Fenster nie bündig mit der Fassade eingebaut werden , sondern möglichst weit zurückspringen sollten. Dies ist besonders an der Wetterseite wichtig.
Auf die Konstruktion von Fenstern soll hier nicht weiter eingegangen werden.

Im folgenden nur einige Hinweise:
* Die Ausfräsung an der Tropfkante des Wasserschenkels (Hohlkehle) bei Fenstern darf nicht mit Farbe zugestrichen sein. (Abb.1?
* Bei allen Anstrichen ist es notwendig, daß die Kanten abgerundet werden und einen Radius von mindestens 2 mm haben, da es sonst nicht möglich ist, eine durchgehende Beschichtung aufzubringen. Scharfe Kanten können mit Schleifklotz und Schleifpapier auf einfache Weise abgerundet werden.
* Bei Fenstern werden hohe Ansprüche an einen guten Untergrund gestellt, d.h. glatte, geschliffene Holzoberflächen ohne Säge- und Hobelspuren, keine Querrisse im Holz; Längsrisse sind nur zulässig, wenn sie klein und dauerhaft ausgebessert sind (dies trifft auch auf Harzgallen und Äste zu); nur bei deckenden Anstrichen kann (geringfügig) verblautes Holz verbaut werden.

Im Handwerk werden Holzbauteile im Außenbereich, besonders Fenster, in folgende Belastungsgruppen eingeteilt:
* Außenklima: indirekte Bewitterung.
  - Das Bauteil ist gegen Niederschläge und direkte Sonneneinstrahlung geschützt.
* Freiluftklima I: direkte Bewitterung.
  - Das Bauteil ist allen unter normalen Bedingungen auftretenden Witterungseinflüssen ausgesetzt.

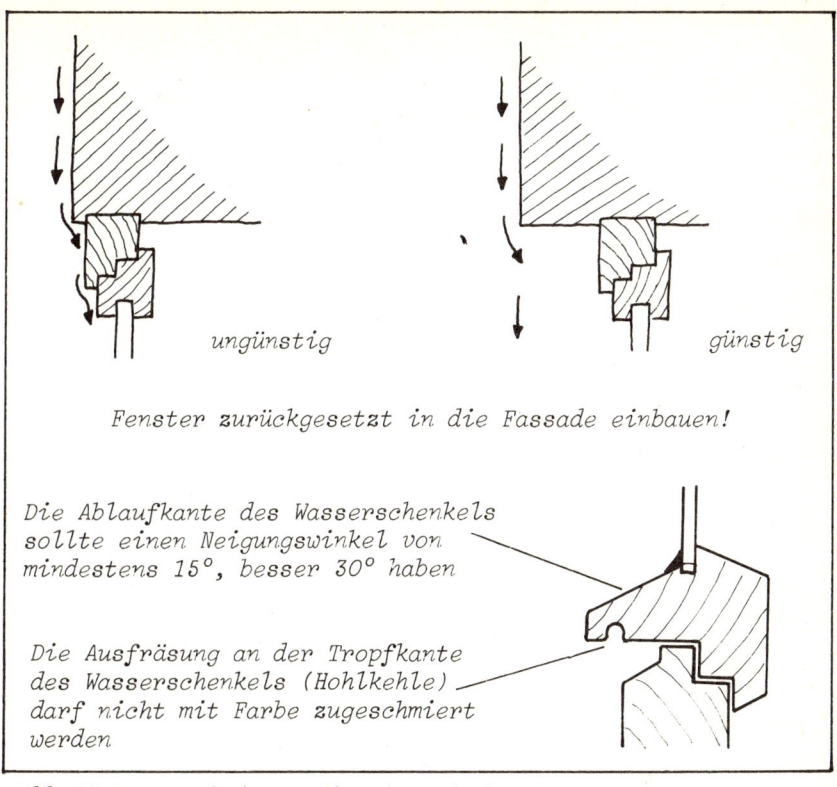

ungünstig   *günstig*

Fenster zurückgesetzt in die Fassade einbauen!

Die Ablaufkante des Wasserschenkels sollte einen Neigungswinkel von mindestens 15°, besser 30° haben

Die Ausfräsung an der Tropfkante des Wasserschenkels (Hohlkehle) darf nicht mit Farbe zugeschmiert werden

Abb.19 Konstruktiver Holzschutz bei Fenstern

* Freiluftklima II: starke direkte Bewitterung.
  Das Bauteil ist extremen Witterungseinflüssen ausgesetzt
  (z.B. bei Gebäuden mit mehr als drei Geschosse oder bei
  exponierter Lage).

Holzschutz bei Fenstern:

902   In Anbetracht des großen Wertes eines Fensters und seiner
geringen Fläche bietet sich in jedem Falle eine Holzschutz-
imprägnierung an. Fertigfenster sind in der Regel schon im
Werk mit einer Imprägnierung versehen worden, sonstige Fenster können mit einer Boraxlösung oder einem holzessighalti-
gen Produkt (319,321) gestrichen werden. Auch eine Imprägnierung mit einem Salz der B-Gruppe aus dem amtlichen Holzschutzmittelverzeichnis ist geeignet (313).

Oberflächenbehandlung der Fenster:

903 Das Wichtigste bei der Oberflächenbehandlung eines Fensters ist, daß ein nahtloser Film auf die Holzfläche aufgetragen wird, der an keiner Stelle unterbrochen sein darf, da sonst Wasser eindringen, und der Anstrich dadurch abplatzen kann. Werden dampfdichte Anstriche auf das Holz aufgetragen, kann es passieren, daß Feuchtigkeit, die sich im Holz befindet, z.B. bei starker Sonneneinstrahlung nicht nach außen diffundieren kann. Die Folge davon ist, daß sich unter dem dampfdichten Anstrich Wasserdampf bildet, der zum Abplatzen der Beschichtung führt. Die Gefahr ist besonders groß, wenn das Holz beim Behandeln noch zu feucht ist, oder wenn durch eine fehlende oder zerstörte Oberflächenschicht Wasser in das Holz eindringt.
Andererseits ist ein dampfbremsender Anstrich sinnvoll,weil dadurch das Arbeiten des Holzes reduziert wird und sich kurzfristige Änderungen der Luftfeuchte nicht auf die Holzfeuchte auswirken (durch eine zu schnelle Änderung der Feuchte im Holz entstehen z.B. Risse).

Auch bei Fenstern besteht ein Dampfdruck von innen nach außen, d.h. Wasserdampf diffundiert ständig durch das Holz hindurch und kann dadurch den Fensteranstrich außen zum Abplatzen bringen. Der raumseitige Anstrich von Fenstern, besonders in Bädern, Küchen und anderen Feuchträumen, sollte deshalb mindestens so dampfbremsend sein wie der äußere.

Für eine Oberflächenbehandlung mit synthetischen Produkten sind geeignet:
* Lasuren (418,419) und
* diffusionsfähige Lacke (404).
Bei Außenklima-Bedingungen ist jede Behandlung recht unproblematisch, da hier die Belastungen nur gering sind.
Bei einem Freiluftklima mit direkter Bewitterung bieten sich Dickschicht- oder Lacklasuren an. Es ist auf jeden Fall sicherzustellen, daß der Hersteller das entsprechende Produkt für den speziellen Anwendungsfall für geeignet erklärt. Die Lasuren sollten abgetönt sein (heller Farbton!) und frei von insektiziden, fungiziden sowie lösungsmittelhaltigen Zusätzen.
Wie schon erwähnt, haben Lasuren gegenüber Lacken den Vorteil, daß sie einfach nachzuarbeiten sind und nicht abplatzen. Deshalb ist es bei Lacken besonders wichtig, auf eine einwandfreie Grundierung und Oberflächenbeschichtung zu achten.
Als Alternativen für die Oberflächenbehandlung bieten sich an:
* pigmentierter Leinölfirnis (bei wenig Schlagregen),
* abgetönte Naturharzlasuren

* diffusionsfähige Naturharzlacke (nach Möglichkeit Weißlack),
* Ölfarben bestehend aus Pigment, Leinölfirnis und Zusätzen
  von Holzöl - Standöl.

Eine Behandlung mit pigmentiertem Leinölfirnis ist wegen seiner geringen Auswaschbeständigkeit nur dann sinnvoll, wenn das Fenster selten Schlagregen ausgesetzt ist. Vorteilhaft bei Leinölfirnis ist der günstige Materialpreis und die einfache Verarbeitung, außerdem blättert der Firnis nicht ab.
Bei den Naturharzlacken ist besonders bei der Verwendung stark dampfbremsender Lacke wichtig, daß das Holz nicht zu feucht ist. Die Holzfeuchte sollte bei Fenstern maximal 15% betragen (112).

Es ist zu empfehlen, die Fugen zwischen Glas und Fensterrahmen außen mit dauerelastischer Kittmasse (Silikonkautschuk) abzudichten, damit kein Wasser eindringen kann. Da der Wasserschenkel der Teil des Fensters ist, der am stärksten belastet ist, sollte er gelegentlich kontrolliert werden. Wie schon erwähnt, ist es ratsam, einen öligen Anstrich erst nach dem Ausspritzen der Fugen mit Dichtmasse auf das Fenster aufzubringen, da die Silikondichtmasse auf öligem Untergrund nicht haftet. Fugen, auf die nur selten Schlagregen auftrifft, können auch mit Leinölkitt oder einer Dichtmasse auf Acrylbasis ausgefugt werden. Diese beiden Varianten sind billiger, überstreichbar und wahrscheinlich auch weniger gesundheitsschädlich.

Leinölkitt wird mit der Zeit spröde, da Leinöl durch Sauerstoffzutritt von außen trocknet oder in das unbehandelte Holz einzieht. Deshalb sollte der Kittfalz vorher gestrichen werden (der Kitt haftet dann auch besser) und beim Endanstrich der Fenster auch der Kitt bis 1mm auf die Glasscheibe überstrichen werden. Dadurch wird ein dauerhafter, wasserdichter Übergang von der Scheibe zum Fensterrahmen geschaffen.

Damit keine Mauerfeuchte in das Holz einziehen kann, muß der erste Anstrich des Fensters (Grundierung) schon vor dem Einsetzen in die Wand erfolgen. Die Fugen zwischen Fenster und Baukörper sind so auszubilden, daß kein Wasser eindringen kann.

Unfallverhütung

Um Unfälle bei der Verwendung von Holzschutzmitteln zu vermeiden, ist ein gewissenhafter Umgang mit diesen notwendig. Die nötigen Schutzmaßnahmen hängen in erster Linie von der Art des verwendeten Produktes ab, deshalb sollten in jedem Falle die Anweisungen der Hersteller befolgt werden. Da zuviel Schutz besser ist als zu wenig, ist es ratsam, selbst bei der Verwendung von Borax Schutzbrille und Handschuhe zu tragen.

Bei Vergiftungserscheinungen (Kopfschmerzen, Übelkeit, Schwindel, Atemnot, Magen- und Darmbeschwerden) sollte unverzüglich ein Arzt aufgesucht werden (am besten das Etikett des Holzschutzmittels mitnehmen).

* Die Holzschutzmittel müssen so gelagert sein, daß sie für Unbefugte, insbesondere für Kinder, unzugänglich sind.
* Bis zur Verarbeitung sollten sie in den Originalbehältern bleiben. Ansonsten gibt es in der Apotheke oder in Drogerien Spezialflaschen zum Aufbewahren giftiger Substanzen.
* Die Reste dürfen nicht einfach weggekippt werden. Restbestände nichtgewerblicher Anwendungen werden eventuell in der Apotheke angenommen, ansonsten bei städtischen Stellen nachfragen.
* Bei der Arbeit nicht essen, rauchen.oder trinken.
* Die Räume gut lüften.
* Beim Streichen oder Spritzen eventuell Gasmaske tragen, mit einem geeigneten Filter gegen Gase.
* Schutzhandschuhe tragen (keine Spülhandschuhe, sondern stabile säurebeständige Spezialhandschuhe).
* Schutzbrille tragen (mit Abdichtung gegen Spritzer).
* Vorsicht bei offenen Wunden und Hautabschürfungen.
* Unbedeckte Körperteile mit Salbe einreiben (fettfreie Salbe bei öligen Mitteln, fetthaltige bei Salzen - es gibt Spezialcremes). Achtung! Viele ölige Mittel sind brennbar.
* Gummistiefel und geeignete Arbeitskleidung tragen.
* Nach der Arbeit die Haut gründlich mit Seife reinigen.

Literaturverzeichnis

Arbeitsgemeinschaft Holz e.V., Düsseldorf - aus der Reihe Informationsdienst Holz : Außenverkleidungen ; Baulicher Holzschutz ; Fenster aus Holz

Arbeitsgemeinschaft Wohnberatung e.V. - Anstriche und Oberflächen ; Fenster ; Maßnahmen am Fenster

Ariens, E.J.; Mutschler, E.; Simonis, A.M. - Allgemeine Toxikologie, Stuttgart 1978

Braun, W. und Dönhardt, A. - Vergiftungsregister, Stuttgart 1975

Bühlmeyer, R. - Prüfung der Bewitterungs- und Lichtbeständigkeit verschiedener Pflanzenfarben und -öle, Diplomarbeit FH Rosenheim 1982

Deutsche Gesellschaft für Holzforschung - Oberflächenbehandlung von Holz und Holzwerkstoffen, München 1981

Deutsches Institut für Normung - DIN-Taschenbuch 123, Berlin, Köln 1979

Dorn, A. und Fessel, F. - Wetterschutzanstriche auf Holz, München 1969

Eckstein, K. - Merkblatt zum Erkennen und Bekämpfen von Holzschädlingen, Berlin 1929

Europa-Lehrmittel - Fachkunde für Schreiner, 9. Aufl. 1975

Fauzy, M. - Versuche mit Pflanzenfarben zur Eignung als Beizen und Lasuren für Holz, Diplomarbeit FH-Rosenheim 1979

Fußeder, H.; Wenninger, H.; Beck, H. - Holz-Oberflächenbehandlung, Augsburg 1964

Gratz, K. - Lehrbuch des Malerhandwerks, München 1948

Institut für Baubiologie, Rosenheim - Elektrostatische Aufladung der Baustoffe (Schriftenreihe A3); Gesundes Wohnklima durch Bienenwachs (A2), Oberflächenbehandlung (A6)

Institut für Bautechnik - Verzeichnis der Prüfzeichen für Holzschutzmittel, Berlin, Bielefeld, München 1982

Katalyse-Umweltgruppe Köln e.V. - Chemie in Lebensmitteln, Frankfurt 5. Auflage 1982

Koch, C. - Das ABC der Fachkunde für Maler, Leipzig 1931

Langendorf, G.; Eichler - Holzvergütung , Leipzig 1973

Löfflad, H. - Eignung von Soda und Holzlauge als alternative Holzschutzmittel, Diplomarbeit FH Rosenheim 1978

Lüthje, H.; Gall; Reuber - Lehrbuch der Chemie, Frankfurt, Hamburg , 2. Auflage 1968

Nutsch, W. - Handbuch der Konstruktion: Innenausbau, Stuttgart 1980, 5. Auflage und Möbel und Einbauschränke, 1978

Oblau, H. - Die Oberflächenbehandlung der Hölzer, Bielefeld

Palm, H. - Das gesunde Haus, Konstanz 1980, 8. Auflage

Reichsbetriebsgruppe Bau - Schulungsbrief 1 der Fachschaft Maler, Dresden 1934

Sandermann, W. - Naturharze, Terpentinöl, Tallöl, Berlin, Göttingen, heidelberg 1960

Schmidt, H. - Die tierischen Schädlinge des Holzes, Hannover 1949

Schneider, A. - Schädlinge und Schutz des Holzes, Moers 1982

Steinmeyer, H. - Versuche zur Beurteilung der Lichtechtheit von natürlichen und synthetischen Farben, Diplomarbeit FH-Rosenheim 1979

Thunack, F. - Holz-Zahl-Form, Tabellen für Holz- und Kunststoffverarbeiter, Braunschweig 1975, 3. Auflage

Verbraucherzentralen Hamburg, Niedersachsen und Baden-Württemberg - Umweltfreundliche Produkte, Hamburg 1982, 2.Aufl.

Wehmeyer, H.; Dittrich, H. - Handbuch der Oberflächenbehandlung von Schreinerarbeiten, Stuttgart 1974

Wirth, W.; Gloxhuber, C. - Toxikologie, Stuttgart, New York 1981, 3. Auflage

Firmenanschriften

Die Produktinformationen folgender Firmen wurden berücksichtigt:

Hans Binker, Postfach 4, 8501 Behringersdorf

Desowag - Bayer Holzschutz GmbH, Roßstr. 76, 4 Düsseldorf 30

R. Avenarius & Co, Chemische Fabriken, Postfach 8, 6535 Gau-Algesheim

Cori A/S, Birkemosevej 1 , 6000 Kolding, DK

Dr. Hartmann & Co, Kulba Bautenschutzstoffe, Postfach 224, 8800 Ansbach

Hans Hauenschild, Chemische Fabrik KG, Postfach 10968, 2000 Hamburg 70

Henkel KGaA, Henkelstr.67, 4000 Düsseldorf 1

Kertess Chemie, Theodor Kertess GmbH & CO.KG, An der Weide 13 3000 Hannover

Arbeitskreis Osmose-Bautenschutz e.V.,Schillerstr. 15, 2067 Reinfeld

Piller & Grau KG, Postfach 322, 8800 Ansbach

Remmers Chemiewerk, Postfach 21, 4573 Löningen

Rüsges & CO, Chemische Fabrik GmbH, Postfach 249, 5180 Eschweiler

Sadolin und Homblad A/S, 70 Hombladsgade, 2300 Kopenhagen,

walter Troll & Sohn GmbH, Postfach 255, 3060 Stadthagen

Chem. Fabrik Weyl GmbH, Postfach 34, 6800 Mannheim 31

Dr. Wolmann GmbH, Postfach 1160, 7573 Sinzheim

Biol. Fachfirmen:

Aglaia-Naturfarben, Christiane Janke, Neufracher Str. 7, 7777 Salem

Biofa Naturfarben GmbH, Hauptstr. 14, 7325 Boll

Livos-GmbH & CO.KG, Neustädter Str. 23-25, 3123 Bodenteich

Ing. Heinz Steinmeyer, Söllhubener Str. 8, 8201 Riedering

Weitere wichtige Adressen

Arbeitsgemeinschaft Holz e.V.
Füllenbachstr. 6
4000 Düsseldorf 30
Hier gibt es gute Informationsblätter über Holz- und
Holzverarbeitung kostenlos. Literaturübersicht anfordern.

Deutsche Gesellschaft für Holzforschung e.V.
Prannerstr. 9
8000 München 2

Institut für Arbeitsmedizin
Schillerstr. 25
8520 Erlangen
(PCP-Diagnose, Blutuntersuchungen)

Erich Schmidt Verlag,
Genthinerstr. 30 G
1 Berlin 30
Hier kann man das amtliche Holzschutzmittelverzeichnis
direkt beim Verlag bestellen, jährlich neue Aufl.,ca 13,- DM

Bundesverband Deutscher Holzhandel e.V.
Postfach 1867
6200 Wiesbaden
Erhältlich ist hier das Merkblatt zu Formaldehyd in Spanplatten

Baubiologische Zeitschriften:
Gesundes Bauen und Wohnen
Fachschrift für Baubiologie und Bauökologie
Postfach 1
3305 Evessen

Wohnung + Gesundheit
Fachzeitschrift für ökologisches Bauen und Leben
Bernauerstr. 5
8210 Prien am Chiemsee

Institute und Verbände:
Bundesverband Gesundes Bauen + Wohnen e.V.
Postfach 1
3305 Evessen

Institut für Baubiologie und Ökologie
Holzham 25
8201 Neubeuren

Informationen über das Heißluftverfahren:
Arbeitskreis Deutscher Bautenschutzpraktiker e.V.
Holtfeld 101/111
4807 Borgholzhausen

Heißluft-Betriebsgesellschaft Bast KG
Lahnbehnstr. 15
2000 Hamburg 50

Stichwortverzeichnis

Die angegebenen Zahlen weisen auf die Randzahlen im Text.

Sach- und Fachbücher

Claudia Lorenz-Ladener
Solaranlagen im Selbstbau

Theorie und Praxis des Selbstbaues von Sonnenkollektoranlagen zur Brauchwasserer-
wärmung: das Handbuch für den Selbstbau!
96 Seiten (DIN A4) mit über 100 Abb.   1979   DM 10,-

Gernot Minke
Alternatives Bauen

Ein Buch über das experimentelle Bauen mit unkonventionellen Baumaterialien: Lehm,
Sand, Abfallmaterialien u.v.m... Vorsicht! Diese Versuche passen nur schwer in die
bundesdeutsche Normenlandschaft
104 Seiten (DIN A4 quer) mit über 200 Abb.   1980   DM 19,80

Claudia Lorenz-Ladener
Solargewächshäuser

-Theorie und Praxis der passiven Sonnenenergienutzung.
Ein leicht verständliches Handbuch über die Möglichkeiten der passiven Sonnenenergie-
nutzung, über die Dimensionierung solcher Systeme, über Planung, Konstruktion und
Selbstbau von Gewächshäusern und Sonnenräumen als dem wohl vielseitigsten passiven
Solarsystem.
180 Seiten (21x21 cm) mit vielen Abb.   1981   DM 19,80

Wolfgang Bredow
Regenwasser-Sammelanlage

Eine leicht verständliche Anleitung über den Selbstbau einer Regenwassersammelanlage,
ihre Anwendung im Haus und ihren Nutzen zur Einsparung wertvollen Trinkwassers.
80 Seiten (DIN A5) mit 10 Photos   1980   DM 8,50

Heinz Ladener
Kleinwindkraftanlagen

zur Stromerzeugung.
Ein Erfahrungsbericht vom Test einer 200 Watt Windkraftanlage zur Stromerzeugung für
Kleinverbraucher.
48 Seiten (DIN A5) mit zahlreichen Abb.   1980   DM 5,-

Hrsg. Wolfgang Martin
Biologische Abwasserbehandlung

-. Selbstbauanleitung für Komposttoilette, Grauwasserreinigung im Gewächshaus durch
Pflanzenbeete.
Nach einer kurzen Darstellung der Abwasserproblematik wird in drei Anleitungen beschrieben, wie einfache Systeme zur Abwasserreinigung im häuslichen Bereich selbst
gebaut werden können.
90 Seiten (DIN A5) mit vielen Abb.   OKT/Nov 1983   ca DM 10,-

ÖKO-Buchverlag & Versand
Gut Kressenbrunnen 3523 Grebenstein

zur umweltfreundlichen Technik

A. Onken, H. Ladener
Tilapia
Ein Fisch zur Selbstversorgung und die Möglichkeiten der Sonnenenergienutzung in der Warmwasserfischhaltung: über die Warmwasserfischzucht als eine Möglichkeit der Nahrungsmittelproduktion in kleinem Maßstab.
32 Seiten (DIN A5)   1979   DM 3,-

Claudia Lorenz-Ladener, Heinz Ladener
Baupläne für ein Solargewächshaus
Eine ausführliche Anleitung für den Selbstbau eines Solargewächshauses, freistehend oder als Anlehngewächshaus, mit vielen detaillierten Konstruktionszeichnungen, Materialliste und Lieferhinweisen.
60 Seiten (DIN A4) mit Faltplan   1982   DM 14,80

Albert Betz
Windenergie und ihre Nutzung durch Windmühlen
- und ihre Nutzung durch Windmühlen.
Nachdruck des Originalwerks aus dem Jahre 1927: Dieser Klassiker der Aerodynamik und Windmühlen beschreibt verständlich die Grundlagen der Windenergienutzung und zeigt, wie man Flügel für Langsam- und Schnelläufer berechnen kann.
64 Seiten (DIN A5) mit vielen Abb.   DM 8,50

Richard Niemeyer
Der Lehmbau und seine praktische Anwendung
- und seine praktische Anwendung.
Nachdruck des Originalwerks aus dem Jahre 1946; hier werden alle bekannten Techniken, den Lehm beim Hausbau zu verwenden ausführlich und anschaulich dargestellt. Der Nachdruck soll dem gestiegenen Interesse an diesem natürlichen Baustoff gerecht werden.
157 Seiten (DIN A5) mit vielen Abb.   DM 14,80

U. Stampa, E. Lerche, W. Bredow
Wind: Strom für das Haus
- eine Bauanleitung mit vollständigem Zeichnungssatz.
Hier wird der preiswerte und leichte Nachbau einer Windkraftanlage (Rotordurchmesser 2,2 m) beschrieben, durch die mittels einer Autolichtmaschine 200 - 400 Watt elektrische Leistung erzeugt werden kann – genug, um kleinere Verbraucher unabhängig mit elektrischem Strom zu versorgen.
80 Seiten (DIN A4) mit zahlreichen Abb.   1983   DM 18,80

Siegfried Scheer
Warmwasseranschluß für Waschmaschinen
Hier werden verschiedene Methoden des Umbaues von Wasch- und Geschirrspülmaschinen mit unterschiedlichem Bedienungskomfort so beschrieben, daß sie von versierten Heimwerkern leicht durchgeführt werden können. Jetzt kann z.B. auch Wärme von der Sonne für den Betrieb von Wasch- und Spülmaschine nutzbar gemacht werden.
ca 60 Seiten (DIN A5), mit vielen Abb.   Okt/Nov 1983   ca DM 6,-